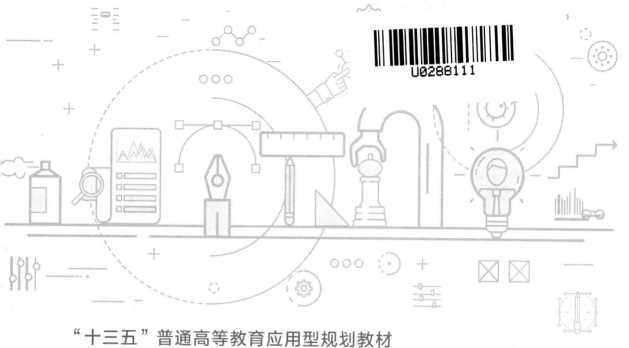

"十三五"普通高等教育应用型规划教材

College Mathematics Analysis and Its Applications

大学数学
应用案例及分析

主　编　张丽梅

副主编　高胜哲　张立石　赵学达　张立峰　屈磊磊　顾剑

中国人民大学出版社
·北京·

内容简介

　　本书以工科类专业教材为素材，收集编写了若干建立在高等数学、线性代数、概率论和数理统计的理论与方法上的数学模型，力求为数学在工科类专业中的应用提供链接．本书在编写上力求对问题的背景的说明简单明了，对模型的数学描述与数学表达深入浅出，同时尽量使各模型相对独立以供读者选读．本书涉及信息计算中的几个概念，图形图像数学模型的矩阵表示方法，离散时间系统的状态空间、能控性与能观性的数学基础，线性系统中离散卷积的矩阵表示，声呐信号中主要的信号描述函数，机械设计中优化设计的数学模型，力学中扭转、弯曲应力的数学度量，不可压非黏性流体流动的基本方程，泛函的欧拉方程，加权余量法，几个集总电路基础元件约束关系的数学表示，温度场中梯度和方向导数计算问题，导热基本定律的三个方程，线性回归模型及其矩阵表示，总体主成分，正交因子模型等内容．

　　本书可作为工科类学生数学模型选修课教材，也可供有关专业工程技术人员参考．

前　言

　　随着科学的发展和技术的进步，目前国家设定的工科类应用型本科专业课程中涉及的数学问题越来越有深度．为了在数学及其在工科专业课程中的应用之间搭建一座"桥梁"，将更多大学数学知识（以高等数学、线性代数、概率论与数理统计等为基础）在专业课程中的应用背景与算法原理分析透彻，我们收集了若干计算机类、电子类、机械类、力学类、热学能源类等相关专业中的基础数学模型，指出了其中的数学理论或算法原理，给出了其应用实例或解决问题的方法步骤，为更深入地理解这些问题所涉及的专业知识以及开阔数学应用的眼界均起到了一定的启发与激励作用．

　　全书共 10 章，第 1 章主要介绍了信息计算过程中信息熵、伪随机数概念；随机计算定积分算法，PageRank 网页排名算法，向量夹角用于新闻分类，奇异值分解的方法和应用场景等内容．第 2、3 章主要介绍了矩阵表示数字图像的几何变换的常用方法；三维图形的几何变换方法；图像分析的数学模型基础——梯度计算及锐化，图像的增强，几何校正与特征分析；对静态图像的分割法——阈值法，背景差分、图像差分以及光流分割，人脸特征的简单分析方法．第 4 章介绍了离散时间系统的状态空间，离散时间系统的能控性与能观性的数学基础；线性定常系统的时域响应与稳定性；线性系统中有重要作用的卷积定义；离散卷积的矩阵表示；主动声呐信号中主要的信号描述函数——时间函数、频谱函数以及模糊函数；信号的多普勒频移以及信号模糊函数的作用．第 5 章介绍了机械平移系统、旋转体运动系统、电气系统的数学模型基础，机械设计中的优化设计问题，机械设计中的数学模型；机械零件与系统的可靠性设计、疲劳强度可靠性设计方法的数学模型．第 6 章介绍了平面图形的几何性质，包括静矩和形心、惯性矩和惯性积、平行移轴公式、转轴公式和主惯性轴；轴向拉伸和压缩中的基础数学模型；扭转中的数学模型，包括薄壁圆筒的扭转的扭转角、等直圆杆扭转时的应变能等；弯曲应力中的数学模型，包括弯矩、剪力与分布荷载集度；梁弯曲变形时的数学度量，包括梁的位移——挠度及转角、梁的挠曲线近似微分方程及其积分．第 7 章介绍了不可压非黏性流体流动的基本方程、速度势方程和流函数方程；变分法、泛函的增量与泛函的变分以及欧拉方程；加权余量法的基本思想，以及不同权重设定的方法——配置法、子区域法、最小二乘法和矩法；静水中的扰动水压力分析. 第8章介绍了集总电路基础元件约束关系的数学原理与数学表示——电流、电容，RC电路的零输入响应，静态电阻和动态电阻，幅值与有效值，电阻元件、电感元件、电容元件，理想变压器，回转器；互感元件、未知回路的电流与电压，基尔霍夫定律的数学表现形式，节点电压电流的矩阵形式，基本回路的 KVL、KCL 方程，电阻、电导的参数方程等内容. 第9章讨论了温度场中梯度和方向导数的计算问题，包括温度场、温度梯度、导热基本定律以及导热微分方程；可逆过程中膨胀功的计算，热力学微分方程式；几个涉及微分方程的传热学例子. 第10章介绍了样本统计中的几个数学模型，包括各类测量误差及其数据处理，观测数据的数字特征，线性回归模型及其矩阵表示，总体主成分，正交因子模型，参数的最大似然估计与牛顿迭代解法.

本书编写顺序如下：**张丽梅**（第 1、2、3 章），**高胜哲**（第 4 章第一节、第二节、第三节以及第 5 章第二节、第三节、第四节、第五节、第六节），**张立石**（第 9 章第三节，第 10 章），**赵学达**（第 4 章第四节、第五节，第 5 章第一节，第 6 章第一节，第 7 章第五节、第六节，第 9 章第一节、第二节），**张立峰**（第 7 章第一节、第二节、第三节、第四节），**屈磊磊**（第 6 章第二节、第三节、第四节、第五节，第 8 章第一节），**顾剑**（第 8 章第二节、第三节、第四节、第五节、第六节）.

本书可作为应用型工科专业本科数学应用类选修课程的教材，也是相关领域研究人员的数学类参考书.

本书的素材来自书后所列参考文献，对所有参考书目的作者表示深深的敬意与感谢！

感谢中国人民大学出版社编辑人员的辛苦工作！

本书获得了辽宁省教育教学研究项目的支持和大连海洋大学教育教学项目的支持，在此表示感谢！

限于作者的水平和经验，书中肯定存在不少缺点和错误，殷切地希望读者批评指正.

2018 年 7 月

目　录

第1章 信息计算中的若干数学模型

本章讨论了信息计算过程中信息熵、伪随机数概念，分析了定积分的随机计算方法、PageRank 网页排名算法、向量夹角用于新闻分类以及奇异值分解的方法和应用场景等内容. 本章主要参考了文献 [1]、[2]、[3].

第一节　信息熵、伪随机数、定积分的随机计算

一、信息熵

人们常说信息量多、信息量少，这个"多"或"少"如何来度量呢？1948 年，香农（Shannon）提出了"信息熵"的概念，简称"熵". 下面用猜宝游戏进行解释.

假设 1～32 号盒子中只有一个盒子装有一件宝物，人们每猜一次付费 1 元，那么需要付费多少才能找到宝物呢？找宝人每次以盒子总数的一半进行猜测.

找宝人提问：

1）宝物在 1～16 号盒子中吗？答：是，找宝人付费 1 元；

2）宝物在 1～8 号盒子中吗？答：不是，找宝人付费 1 元；

3）宝物在 9～12 号盒子中吗？答：是，找宝人付费 1 元；

4）宝物在 9～10 号盒子中吗？答：不是，找宝人付费 1 元；

5）宝物在 11 号盒子中吗？答：不是，找宝人付费 1 元；

找宝人断定：宝物在 12 号盒子中. 在这个过程中，回答人如实作答，不论答"是"或"不是"，都可以按这种方法找到宝物所在的盒子，共需付费 5 元钱.

当然，香农不是用钱，而是用"比特"这个概念来度量信息量. 一个比特是一位二进制数，计算机中一个字节是 8 比特. 信息量的比特数和所有可能情况的 log 有关，该 log

以 2 为底，log32＝5，log64＝6．具体地

$$H=-(p_1\log p_1+p_2\log p_2+\cdots+p_{32}\log p_{32}),$$

其中 p_1，p_2，$\cdots$，p_{32} 分别表示 32 个盒子装有宝物的概率．H 叫作信息熵（entropy），单位是比特．

从概率的观点看，宝物在 1～32 号盒子的概率是等可能的，即

$$p_i=\frac{1}{32}\ (i=1,2,\cdots,32),\ \log p_i=\log\frac{1}{32}=-5\quad(i=1,2,\cdots,32),$$

故 $H=-32\times\frac{1}{32}\times\log\frac{1}{32}=5$（数学上可以证明 $H\leqslant5$），即这个问题的信息熵是 5 比特．试想，如果有 64 个盒子，猜宝的信息熵就是 6 比特，因为要多猜一次．

现将这个问题加以扩展，假设世界杯比赛有 32 支球队参赛，"宝物"指的是冠军．根据历史经验，有一些球队弱，夺冠的概率很小；有一些球队强，夺冠的概率大．参考这些信息得出 p_i（第 i 支球队夺冠的概率）的值不等，也就是能够确定的信息多了，这时 H 将小于 5．也就是说，不确定性大，熵就大，相反，知道的信息多，熵就会变小．

综上所述，不难理解熵的一般定义．

对于任意一个随机变量 X，它的熵定义为

$$H(X)=-\sum_{x_i\in X}p(x_i)\log p(x_i). \tag{1.1}$$

当消息是等概率的时，$H(X)=\log N$，N 为随机变量 X 中包含的 x_i 的个数．

事实上，此时 $p(x_i)=\frac{1}{N}$，有

$$H(X)=-\sum_i\frac{1}{N}\log\frac{1}{N}=-\frac{N}{N}\log\frac{1}{N}=\log N.$$

例 1.1　求随机变量 X 的信息熵，其概率分布律为 $\left\{\frac{1}{2},\frac{1}{4},\frac{1}{8},\frac{1}{8}\right\}$．

解：所求熵为 $-\left(\frac{1}{2}\log\frac{1}{2}+\frac{1}{4}\log\frac{1}{4}+2\times\frac{1}{8}\log\frac{1}{8}\right)=1.75$ 比特．

例 1.2　求二值变量的信息熵，假定随机变量以概率 $\{p,1-p\}$ 在集合 $\{0,1\}$ 上取值．

解：$H(X)=-[p\log p+(1-p)\log(1-p)]$．当 $p=\frac{1}{2}$ 时，熵 $H(X)$ 最大为 1．

一般来说，当选择等概率时熵最大，当随机变量不再随机时熵为零（此时不存在不确定性）．熵的一个重要属性是相互独立的随机变量的熵具有可加性．

信息熵是信息论中用于度量信息量的一个概念，解决了对信息的量化度量问题．一个系统越有序，信息熵就越低；反之，一个系统越混乱，信息熵就越高．所以，信息熵也可以说是系统有序化程度的一个度量．熵曾经是热力学第二定律引入的概念，可以把它理解为分子运动的混乱度，信息熵也有类似意义．

有时候为了消除信息的不确定性，还利用相关的信息来分析，为此，引入条件熵的概念．

假定 X 和 Y 是两个随机变量，X 是需要了解的.

假定知道了 X 的随机分布 $p(x)$，则 X 的熵为

$$H(X) = -\sum_{x \in X} p(x) \log p(x).$$

现在假如还知道 Y 与 X 的联合概率分布 $p(x, y)$，就可以定义在 Y 条件下 X 的条件熵

$$H(X \mid Y) = -\sum_{x \in X, y \in Y} p(x, y) \log p(x \mid y). \tag{1.2}$$

可以证明 $H(X) \geqslant H(X \mid Y)$，即增加了 Y 的信息，关于 X 的不确定性下降了.

总之，信息熵是对一个信息系统不确定性的度量，信息熵是整个信息论的基础，对于通信、数据压缩、自然语言处理都有很强的指导意义.

二、伪随机数

随机数在概率算法设计中十分重要，实际中计算机无法产生真正的随机数，因此在概率算法中使用的随机数都是在一定程度上随机，即伪随机数.

产生伪随机数最常用的方法是线性同余法. 由线性同余法产生的随机序列

$$a_1, a_2, \cdots, a_n, \cdots \text{ 满足} \begin{cases} a_0 = d \\ a_n = (ba_{n-1} + c) \bmod m, \ n = 1, 2, \cdots \end{cases}$$

其中 $b \geqslant 0$，$c \geqslant 0$，$d \geqslant m$. d 称为随机序列的种子. 如何选取 b，c，m 直接关系到所产生的随机序列的随机性能. 数论理论可以证明，对于模数 $m = 2^L$，当 $b = 4k + 1$（k 为正整数）且 c 与 m 互素时，也就是两者的最大公约数为 1 时，可以获得最长随机数序列长度为 2^L. 这样如果需要更多的伪随机数，当 m 越大时，随机性能越好.

当 $c = 0$ 时，线性同余法就称为乘同余法. 下面举例说明乘同余法，数论理论可以证明，对于模数 $m = 2^L$，当 $b = 8k \pm 3$ 或者 $b = 4k + 1$（k 为正整数）且 a_0 为奇数时，乘同余法可以获得最长随机数序列长度为 2^{L-2}. 这里，取 $m = 2^6 = 64$，$b = 13$，选取种子 $a_0 = 1$，可以通过简单计算得到 $1 \sim 64$ 之间非重复长度达到 $2^4 = 16$ 的均匀分布伪随机序列如下.

$$\{1, 13, 41, 21, 17, 29, 57, 37, 33, 45, 9, 53, 49, 61, 25, 5, 1\}$$

这就取到了区间 $[1, 64)$ 上的均匀分布伪随机序列.

这个序列是这样获得的：

$a_0 = 1$，$b = 13$，$a_1 = ba_0 \bmod 64 = 13$，

$a_2 = ba_1 \bmod 64 = 13 \times 13 \bmod 64 = (2 \times 64 + 41) \bmod 64 = 41$，

$a_3 = ba_2 \bmod 64 = 13 \times 41 \bmod 64 = (8 \times 64 + 21) \bmod 64 = 21$，依此类推.

在各种智能算法中随机数是必不可少的基本要素，计算机中许多语言都提供了伪随机数发生函数，有时还需要控制其长度、范围等，而产生伪随机数的方法也随着需求的增多更加多样化.

三、定积分的随机计算方法

（一）用随机投点法计算定积分

设 $f(x)$ 是 $[0，1]$ 上的连续函数，且 $0 \leqslant f(x) \leqslant 1$. 需要计算积分值 $I = \int_0^1 f(x) \mathrm{d}x$. 积分 I 等于图 1-1 中的面积 G.

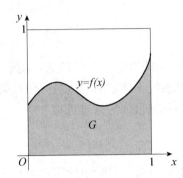

图 1-1　随机投点法计算积分示例

在图 1-1 中所示的单位正方形内均匀地做投点试验，则随机点落在曲线 $y = f(x)$ 下方的概率为

$$P\{y \leqslant f(x)\} = \iint\limits_G \mathrm{d}x\mathrm{d}y = \int_0^1 \mathrm{d}x \int_0^{f(x)} \mathrm{d}y$$

$$= \int_0^1 f(x)\mathrm{d}x = I.$$

假设向单位正方形内随机地投入 n 个点，其坐标为 $(x_i，y_i)$，$i = 1，2，\cdots，n$. 若随机点 $(x_i，y_i)$ 落入 G 内，则 $y_i \leqslant f(x_i)$. 如果有 m 个点落入 G 内，则 $\dfrac{m}{n}$ 近似等于随机点落入 G 内的概率，即 $I \approx \dfrac{m}{n}$. 由此可设计出计算积分 I 的数值概率算法.

例 1.3　写出计算积分 $\int_0^1 x^2 \mathrm{d}x$ 的随机投点法的步骤.

解：求解步骤如下：

（1）在正方形区域 $D = \{(x，y) \mid 0 \leqslant x \leqslant 1，0 \leqslant y \leqslant 1\}$ 内随机投入 n 个点，坐标为 $(x_i，y_i)$ $(i = 1，2，\cdots，n)$；

（2）计算所有满足 $y_i \leqslant x_i^2$ 的点数，并记为 m，则积分 $\int_0^1 x^2 \mathrm{d}x \approx \dfrac{m}{n}$.

（二）用平均值法计算定积分

假设要计算积分 $I = \int_a^b g(x)\mathrm{d}x$，其中被积函数 $g(x)$ 在 $[a，b]$ 上可积.

假设 $\{x_i\}$ $(i = 1，2，\cdots，n)$ 是区间 $(a，b)$ 上均匀分布的一组独立随机数，且函数 $y = g(x)$ 在区间 $[a，b]$ 上可积，则 $\{g(x_i)\}$ $(i = 1，2，\cdots，n)$ 也是一组相互独立且同

分布的随机数，由于 X 服从均匀分布，其概率密度函数为 $f(x)=\begin{cases}\dfrac{1}{b-a}, & a<x<b \\ 0, & \text{其他}\end{cases}$.

依概率论中的数学期望公式有

$$E[g(x)]=\int_{-\infty}^{+\infty}g(x)f(x)\mathrm{d}x=\frac{1}{b-a}\int_a^b g(x)\mathrm{d}x,$$

从而　$\displaystyle\int_a^b g(x)\mathrm{d}x=E[g(x)](b-a)$，

由大数定律知 $\displaystyle\int_a^b g(x)\mathrm{d}x$ 依概率收敛于 $\displaystyle\lim_{n\to\infty}\frac{1}{n}\sum_{i=1}^n g(x_i)(b-a)$.

例 1.4　写出计算积分 $\displaystyle\int_1^3 x^2\mathrm{d}x$ 的平均值法的步骤.

解：步骤如下：

(1) 在积分区间 $[1,3]$ 内随机投入 n 个点，产生一个随机点列 $\{x_i\}(i=1,2,\cdots,n)$；

(2) 计算 $\left(\dfrac{1}{n}\sum_{i=1}^n x_i^2\right)\times(3-1)$，所得结果就是积分 $\displaystyle\int_1^3 x^2\mathrm{d}x$ 按平均值法得到的近似值.

在上面问题的求解中，我们选择了均匀分布的随机点列，事实上这个分布可以根据实际问题的需要进行改变.

> **知识点链接**：高等数学——定积分　二重积分；概率论与数理统计——概率定义　概率分布

第二节　网页排名、新闻分类的数学原理

一、PageRank 网页排名算法原理

PageRank（由拉里·佩奇发明）又称为网页排名，是根据网站的外部链接和内部链接的数量和质量来衡量网站价值的技术.

（一）布尔代数

计算机搜索引擎大致需要做如下工作：自动下载尽可能多的网页，建立快速有效的索引，根据相关性对网页进行公平准确的排序. 其中最重要的就是索引，而每个搜索引擎都逃不出布尔代数的框框.

参与布尔代数运算的元素只有 1（TRUE 真）和 0（FALSE 假）. 基本运算只有"与（AND）""或（OR）""非（NOT）"三种. 比如查询"原子能 AND 应用 AND（NOT 原子弹）"就表示查找有关原子能及其应用但不是原子弹的文献.

（二）PageRank 网页排名算法原理

对于用户的查询会有成千上万条结果，哪些网页排在前面呢？这主要取决于网页的质

量信息和这个查询与每个网页的相关性信息. 下面只是介绍衡量网页质量的方法. 在互联网上, 如果一个网页被很多其他网页链接, 就说明它受到普遍的认可和信赖, 那么它的排名就高. 这就是 PageRank 的核心思想.

其算法如下:

假定向量 $B=(b_1, b_2, \cdots, b_N)^T$ 为第一、二、$\cdots$、N 个网页的网页排名.

$$矩阵 A = \begin{bmatrix} a_{11} & \cdots & a_{1n} & \cdots & a_{1N} \\ \vdots & & \vdots & & \vdots \\ a_{m1} & \cdots & a_{mn} & \cdots & a_{mN} \\ \vdots & & \vdots & & \vdots \\ a_{N1} & \cdots & a_{Nn} & \cdots & a_{NN} \end{bmatrix}$$

为网页之间链接的数目, 其中 a_{mn} 代表第 m 个网页指向第 n 个网页的链接数. A 是已知的, B 是未知的、所求的.

假定 B_i 是第 i 次迭代的结果, 那么

$$B_i = A \cdot B_{i-1} \tag{1.3}$$

初始假设: 所有网页的排名都是 $1/N$, 即

$$B_0 = \left(\frac{1}{N}, \frac{1}{N}, \cdots, \frac{1}{N} \right)^T.$$

显然通过式 (1.3) 简单的矩阵运算 (然而计算量是巨大的), 可以得到 B_1, B_2, $\cdots$. 可以证明 B_i 最终会无限趋近于 B. 此时 $B = A \cdot B$. 故当 B_i 和 B_{i-1} 之间的差异非常小, 接近于零时, 停止迭代运算, 算法结束. 一般地, 10 次左右的迭代误差就达到要求.

由于网页之间链接的数量相比互联网的规模非常稀疏, 因此计算网页排名也需要对零概率或者小概率事件进行平滑处理. 网页排名是一维向量, 对它的平滑处理只能利用一个小的常数 α. 这时式 (1.3) 变成

$$B_i = \left[\frac{\alpha}{N} \cdot E + (1-\alpha)A \right] \cdot B_{i-1}$$

其中 N 是互联网网页的数量, E 是单位矩阵.

网页排名的计算主要是矩阵相乘, 这种计算很容易分解成许多小任务, 在多台计算机上并行, 这个算法被公认为是文献搜索的最大贡献之一.

二、向量夹角用于新闻分类

互联网上的众多新闻按内容进行分类可以采用如下方法:

比如, 将词汇表中的 64 000 个词按词典顺序编号. 这样把词典的大小限制在 65 535 个词以内, 在计算机中只要两个字节就可以表示一个词, 之后把每个词的 TF-IDF 值计算出来. 下面粗略了解一下 TF-IDF 的概念. 在 TF-IDF (Term Frequency/Inverse Document Frequency) 中, Term Frequency 是指网页中按长度对关键词出现的次数的归一化,

也就是关键词出现的次数除以网页的总字数，或者称为关键词的频率或单文本词频. 如果关键词只在很少的网页中出现，通过它就容易锁定目标，它的权重也就应该大；反之，如果一个词在大量网页中出现，看到它无法清楚地知道要找什么内容，它的权重就应该小. 概括地讲，假定一个关键词 w 在 D_w 个网页出现过，那么 D_w 越大，w 的权重越小，反之亦然. 故在信息检索中，使用最多的权重是"逆文本频率指数"（Inverse Document Frequency），它的公式为 $\log\left(\dfrac{D}{D_w}\right)$，其中 D 是全部网页数.

现在回到每篇新闻的 TF-IDF 值上来，对应每篇新闻 64 000 个词有 64 000 个 TF-IDF 值，这相当于对应每篇新闻有一个维数为 64 000 的向量. 下面的问题就是如何比较这些向量的相似度，从而对新闻进行分类. 举例来说，在金融类的新闻中，股票、利息、债券、基金、银行、物价、上涨这类词多，而二氧化碳、宇宙、诗歌、木匠、包子之类的词少. 反映在向量上，类似的新闻向量在某几个维度的值都比较大，而其他维度的值都比较小. 但对于一篇 10 000 字的文本和一篇 500 字的文本，单纯考虑其维度还不够. 无论如何，向量之间的夹角如果小，文本的相似度还是比较高的，反之亦然.

故假如新闻 X 和新闻 Y 对应的 TF-IDF 值向量分别是

$$X=(x_1,\ x_2,\ \cdots,\ x_{64\,000})^{\mathrm{T}},\quad Y=(y_1,\ y_2,\ \cdots,\ y_{64\,000})^{\mathrm{T}},$$

它们夹角的余弦等于

$$\cos\theta=\frac{x_1 y_1+x_2 y_2+\cdots+x_{64\,000}\,y_{64\,000}}{\sqrt{x_1^2+x_2^2+\cdots+x_{64\,000}^2}\ \cdot\ \sqrt{y_1^2+y_2^2+\cdots+y_{64\,000}^2}}. \tag{1.4}$$

当两条新闻向量夹角的余弦 $\cos\theta$ 等于 1 时，向量夹角为 0，两条新闻完全相同；当夹角余弦接近于 1 时，两条新闻相似，从而可以归为一类；夹角余弦越小，夹角越大，两条新闻越不相关.

在实际计算时，由于网页数量巨大，通过自底向上不断合并的方法，即相似性大于一个阈值的新闻合并成一个小类，再把每个小类新闻作为一个整体，重新计算向量，再计算小类之间余弦的相似性，然后合并大一点的小类，不断重复，直至达到需要的结果.

> 知识点链接：线性代数——向量夹角　夹角余弦；概率论与数理统计——概率定义　小概率事件

第三节　奇异值分解、数组与压缩矩阵

一、奇异值分解的方法和应用场景

假设用一个大矩阵 A 来描述成千上万篇文章和几十万甚至上百万个词的关联性. 在这个矩阵中，每一行对应一篇文章，每一列对应一个词，如果有 N 个词和 M 篇文章，则就

是一个 $M \times N$ 阶矩阵.

$$A = \begin{pmatrix} a_{11} & \cdots & a_{1j} & \cdots & a_{1N} \\ \vdots & & \vdots & & \vdots \\ a_{i1} & \cdots & a_{ij} & \cdots & a_{iN} \\ \vdots & & \vdots & & \vdots \\ a_{M1} & \cdots & a_{Mj} & & a_{MN} \end{pmatrix}$$

a_{ij} 就表示第 i 个词在第 i 篇文章中出现的加权词频（比如用词的 TF-IDF 值）.

奇异值分解可以将大矩阵分解成三个小矩阵，比如 $M = 1\,000\,000$，$N = 500\,000$，100 万乘以 50 万，即 5 000 亿个元素，经由如下矩阵分解

$$A_{1\,000\,000 \times 500\,000} = X_{1\,000\,000 \times 100} B_{100 \times 100} Y_{100 \times 500\,000}$$

即把矩阵 A 分解成一个 100 万乘以 100 的矩阵 X、一个 100 乘以 100 的矩阵 B 和一个 100 乘以 50 万的矩阵 Y. 这三个矩阵的元素总数约 1.5 亿，不到原来的三千分之一. 相应的存储量和计算量都会小很多. 同时这三个矩阵都有非常清晰的物理意义.

第一个矩阵 X 是对词分类的一个结果，它的每一行表示一个词，每一列表示一个语义相近的词类或者称为语义类. 每一行的每个非零元素表示这个词在每个语义类中的重要性（或者说相关性），数值越大，越相关.

这里举一个小例子，若

$$X = \begin{pmatrix} 0.7 & 0.15 \\ 0.22 & 0.49 \\ 0 & 0.92 \\ 0.3 & 0.03 \end{pmatrix},$$

这里有四个词和两个语义类，第一个词和第一个语义类比较相关（相关性 0.7），和第二个语义类不太相关（相关性 0.15）. 第二个词正好相反，第三个词只和第二个语义类相关，和第一个语义类完全无关. 第四个词和每一个类都不太相关，比较而言和第一个语义类相关度略大，为 0.3.

最后一个矩阵 Y 是对文本的分类结果. 它的每一列对应一个文本，每一行对应一个主题. 每一列中的每个元素表示该篇文本在不同主题中的相关性. 同样以小矩阵为例.

$$Y = \begin{pmatrix} 0.7 & 0.15 & 0.22 & 0.39 \\ 0 & 0.92 & 0.08 & 0.53 \end{pmatrix}$$

这里有四篇文本和两个主题. 第一篇文本属于第一个主题. 第二篇文本和第二个主题的相关性为 0.92. 第三个文本和两个主题都不太相关，比较而言靠近第一个主题. 第四篇文本和两个主题都有一定的相关性，和第二个主题更近（0.53）.

中间的矩阵

$$B = \begin{pmatrix} 0.7 & 0.21 \\ 0.18 & 0.63 \end{pmatrix},$$

在矩阵 B 中，第一个词的语义类和第一个主题相关，和第二个主题没有太多关系．而第二个词的语义类则相反．

因此，只要对关联矩阵 A 进行一次奇异值分解，就可以同时完成近义词和文章的分类．同时，还能得到每个主题和每个词的语义类之间的相关性．对于矩阵的奇异值分解，可以参见矩阵特征值的谱分解理论，对于普通矩阵，MATLAB 等计算软件就可以实现矩阵的奇异值分解．

二、数组定义中的数学原理

数组是常用的数据结构，大多数程序设计语言都提供数组描述数据．数据结构的顺序存储结构多采用数组来描述．

一维数组 $A[n]$ 是由 $(a_1, a_2, \cdots, a_{n-1}, a_n)$ 组成的有限序列．

二维数组 $A[m][n]$ 是由 $m \times n$ 个元素组成的，与矩阵结构相同，有 $A_{m \times n} =$

$$\begin{pmatrix} a_{11} & a_{12} & \cdots & a_{1n} \\ a_{21} & a_{22} & \cdots & a_{2n} \\ \vdots & \vdots & & \vdots \\ a_{m1} & a_{m2} & \cdots & a_{mn} \end{pmatrix}.$$ 由于计算机的存储单元是一维结构，而多维数组是一个多维结构，

因此用一维连续的存储单元存放多维结构就必须按照某种次序将数组中的元素排成一个线性序列．

可以把 $A_{m \times n}$ 看成 m 个行向量组成的向量，也可看成 n 个列向量组成的向量．

如果按行优先的顺序，则 $m \times n$ 个元素的线性序列为

$$((a_{11}, a_{12}, \cdots, a_{1n}), (a_{21}, a_{22}, \cdots, a_{2n}), \cdots, (a_{m1}, a_{m2}, \cdots, a_{mn})).$$

如果按列优先的顺序，则 $m \times n$ 个元素的线性序列为

$$((a_{11}, a_{21}, \cdots, a_{m1}), (a_{12}, a_{22}, \cdots, a_{m2}), \cdots, (a_{1n}, a_{2n}, \cdots, a_{mn})).$$

同理，三维数组 $A[m][n][p]$ 由 $m \times n \times p$ 个元素组成．类似地，n 维数组 $A[t_1][t_2] \cdots [t_n]$ 由 $t_1 \times t_2 \times \cdots \times t_n$ 个元素组成．如果可以将三维数组视为 m 个二维（$n \times p$）数组，那么 n 维数组可视为 t_1 个 $n-1$ 维（$t_2 \times \cdots \times t_n$）数组．记为

$$a_1[t_2][t_3] \cdots [t_n], a_2[t_2][t_3] \cdots [t_n], \cdots, a_{t_1}[t_2][t_3] \cdots [t_n].$$

按顺序存储方法，先存储第一个 $n-1$ 维数组 $a_1[t_2][t_3] \cdots [t_n]$，再存储第二个 $n-1$ 维数组 $a_2[t_2][t_3] \cdots [t_n]$，直到最后存储第 t_1 个 $n-1$ 维数组 $a_{t_1}[t_2][t_3] \cdots [t_n]$．

例如三维数组 $a[2][3][4]$ 由 $2 \times 3 \times 4$ 个元素组成．可将其视为 2 个二维 3×4 数组，记为 $a[3 \times 4]$，$b[3 \times 4]$．将 $a[3 \times 4]$ 按行排的线性序列为

$$((a_{11}, a_{12}, a_{13}, a_{14}), (a_{21}, a_{22}, a_{23}, a_{24}), (a_{31}, a_{32}, a_{33}, a_{34})),$$

同理 $b[3 \times 4]$ 按行排的线性序列为

$$((b_{11}, b_{12}, b_{13}, b_{14}), (b_{21}, b_{22}, b_{23}, b_{24}), (b_{31}, b_{32}, b_{33}, b_{34})).$$

三、稀疏矩阵的压缩存储

矩阵是许多科学计算和工程计算问题中常用的数学对象. 在数据结构中，感兴趣的不是矩阵本身，而是如何存储矩阵中的元素，使矩阵的各种运算能有效地运行. 通常根据矩阵元素的分布规律，使多个相同的非零元素共享一个存储单元，而对零元素则不分配存储空间，即压缩存储.

例如 $A = \begin{bmatrix} 3 & 2 & 0 \\ 0 & 4 & 1 \\ 1 & 0 & 0 \end{bmatrix}$，可仅为 3，2，4，1，1 分配存储单元，对零元素不分配存储单元，仅标记零元素所在的位置，这种方法对大型稀疏矩阵的表示非常便利.

对于对称矩阵，将两个对称元素共享一个存储单元，n^2 个元素就可存放在 $\dfrac{n(n+1)}{2}$ 个单元中，可节约近一半的存储空间.

例如 $A = \begin{bmatrix} 3 & 2 & 1 \\ 2 & 4 & -1 \\ 1 & -1 & 0 \end{bmatrix}$，由于其为对称矩阵，仅以对角线及其下的元素表示该矩阵，需存储的元素为 $1+2+3=6$ 个.

一般地，稀疏矩阵是指非零元素的个数远远小于零元素的个数且非零元素的分布没有规律的矩阵. 在存储稀疏矩阵时，为了节省存储空间，只存储非零元素. 但是，由于非零元素在矩阵中的分布通常没有规律，因此存储非零元素的同时必须存储其行号和列号信息，这样才能确定其在矩阵中的位置. 对此，可用一个三元组 $(i \quad j \quad a_{ij})$ 分别表示第 i 行第 j 列的非零元素 a_{ij}. 若将每个非零元素表示为一个三元组元素，且按行号递增次序（行号相同则按列号递增次序）顺序存放到一个三元组中，这就是稀疏矩阵的三元组表示法.

> 知识点链接：线性代数——向量与矩阵　稀疏矩阵　特征值　矩阵分解

第四节　图的数学原理与应用

一、图的概念

图是由欧拉先引入的一种重要的数据结构. 一个图由顶点 V 和边 E 两个集合构成，记为 $G = <V, E>$. V 是有限非空集合，这些顶点被记为 v_1，v_2，$\cdots$，v_n. E 是顶点对偶的集合. E 中的每一对偶就是 G 的一条边. 如果这些对偶是有序的（即对偶 $<v_i, v_j>$ 与对偶 $<v_j, v_i>$ 不同），则称图是有向的，否则称它是无向的. 有向边用尖括号表示，无向边用圆括号表示. $<v_i, v_j>$ 表示有向边，v_i 为头，v_j 为尾，而 (v_i, v_j) 表示一条无向边. 图的结构复杂，无法以数据元素在存储区中的物理位置来表示元素间的联系，但可借助矩阵表示元素之间的关系. 邻接矩阵是表示顶点间相邻关系的矩阵. 若 G 是一个具有 n 个顶点的图，则 G 的邻接矩阵是如下定义的 n 阶方阵 $(a_{ij})_{n \times n}$：

对于有向图邻接矩阵，有 $a_{ij} = \begin{cases} 1, & 若<v_i, v_j>是图的边 \\ 0, & 否则 \end{cases}$；

对于无向图邻接矩阵，有 $a_{ij} = \begin{cases} 1, & 若(v_i, v_j)或(v_j, v_i)是图的边 \\ 0, & 否则 \end{cases}$.

比如对于有向图 G_1 和无向图 G_2（如图 $1-2$ 所示），其邻接矩阵分别为

$$A_1 = \begin{pmatrix} 0 & 1 & 1 & 1 & 0 \\ 0 & 0 & 1 & 0 & 0 \\ 0 & 0 & 0 & 0 & 0 \\ 0 & 0 & 0 & 0 & 1 \\ 0 & 0 & 0 & 0 & 0 \end{pmatrix} 和 A_2 = \begin{pmatrix} 0 & 1 & 1 & 1 & 0 \\ 1 & 0 & 1 & 0 & 0 \\ 1 & 1 & 0 & 0 & 0 \\ 1 & 0 & 0 & 0 & 1 \\ 0 & 0 & 0 & 1 & 0 \end{pmatrix}.$$

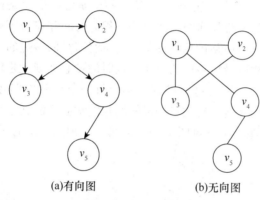

(a)有向图　　　　　(b)无向图

图 $1-2$　图的示例

两个邻接矩阵中，主对角线元素均为零，表示图中顶点不存在到自身的边. 由于无向图中（v_i, v_j）与（v_j, v_i）相等，所以 A_2 为对称矩阵.

二、网的概念

在图的每条边上加上一个数字作为权，称带权的图为网. 如果顶点代表城市，则权可以表示两城市之间的距离或耗费. 如图 $1-3$ 所示，G_3 是一个网，这里顶点仅用序号表示. 对于网，其邻接矩阵中值为 1 的元素可用边上的权代替，有时还可根据需要，将网的邻接矩阵中的所有 0 用 ∞ 代替. 网 G_3 的邻接矩阵是

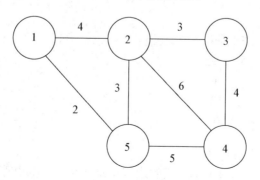

图 $1-3$　网 G_3

$$\begin{bmatrix} \infty & 4 & \infty & \infty & 2 \\ 4 & \infty & 3 & 6 & 3 \\ \infty & 3 & \infty & 4 & \infty \\ \infty & 6 & 4 & \infty & 5 \\ 2 & 3 & \infty & 5 & \infty \end{bmatrix}$$

三、单源点最短路径

设有一个带权的有向图 $G = <V, E>$，其中任意一条边的权值为非负实数，设第 0 个顶点为图中指定的顶点，称为源. 求从源（即第 0 个顶点）到其他各顶点的最短路径就是单源点最短路径问题. 在实际生活中，有很多单源点最短路径问题，比如有 n 个城市，假设我们居住在 w 城市，那么从城市 w 到其他各个城市的最短路程、最少时间或者最小花费等就抽象为单源点最短路径问题. 而这些路程、时间和花费等就用抽象出来的图的边的权值来表示. 如何找出最短路径呢？逐条找出所有路径取最短的方法仅适用于路径较少的情况. 这里采用逐条构造最短路径的方法，这时的贪心准则就是使当前已经加入的所有路径的长度之和最小. 为了符合这一准则，其中每一条单独的路径都必须具有最小的长度. 从图中第 0 个顶点到其他所有顶点的最短路径的贪心算法就是按照路径长度的非降次序生成这些路径. 求有向图 G_4（见图 1-4）以第 0 个顶点为源的所有最短路径.

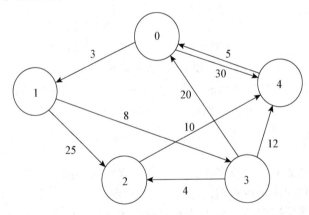

图 1-4　一个带权的有向图 G_4

该图的邻接矩阵为

$$\begin{bmatrix} 0 & 3 & \infty & \infty & 30 \\ \infty & 0 & 25 & 8 & \infty \\ \infty & \infty & 0 & \infty & 10 \\ 20 & \infty & 4 & 0 & 12 \\ 5 & \infty & \infty & \infty & 0 \end{bmatrix}$$

其中 ∞ 表示这两个顶点没有边相连.

从第 0 个顶点出发，到第 1 个顶点的边权值最小为 3. 将顶点 1 加入集合 S，并计算距离为 3. 接下来考虑与顶点 0 或者顶点 1 相邻并未加入 S 的顶点，发现从源顶点 0 出发经过顶点 1 到达顶点 3 具有最短路径 11，那么把顶点 3 加入 S，并求得最短距离为 11. 依此类推，下面考虑从顶点 0→1→3 且未加入 S 的顶点（即 2，4），发现从 0→1→3 到达顶点 2 具有最短路径 15，而 0→1→3 到达 4 的距离为 23. 最后从 0→1→3→2 再到 4 的距离为 25，大于从 0→1→3 到达 4 的距离 23，故选择 0→1→3→4 边.

　　算法迭代过程及结果见表 1-1.

表 1-1　　　　　　　　　　　　　　　单源点最短路径迭代过程表

迭代	选取的顶点	S	0	1	2	3	4
初始值	无	0	0	3	∞	∞	30
1	1	0，1	0	3	28	11	30
2	3	0，1，3	0	3	15	11	23
3	2	0，1，3，2	0	3	15	11	23
4	4	0，1，3，2，4	0	3	15	11	23

知识点链接：线性代数——矩阵　矩阵表示

第 2 章　数字图像图形几何变换的数学模型

本章主要讨论了常用的利用矩阵表示数字图像的几何变换方法. 内容包括数字图像的齐次表示、图像的平移变换、图像的比例缩放变换、图像旋转变换与错切变换、图像的镜像变换以及复合变换等. 还讨论了三维图形的几何变换方法, 包括齐次坐标表示法, 以及三维的比例变换、平移变换、对称变换、错切变换、旋转变换等内容. 本章主要参考了文献 [4]、[5].

第一节　数字图像的齐次表示与说明

一、数字图像的齐次坐标表示法

数字图像是对一幅连续图像的坐标和色彩都进行了离散化的图像, 坐标的离散通过采样完成, 色彩的离散通过量化完成. 可以用二维数组 $f(x, y)$ 表示数字图像, 其中 x, y 表示像素点的坐标位置, $f(x, y)$ 表示像素点 (x, y) 的灰度值 (如果是彩色图像, 则用 RGB 值表示). 图像集合变换的基础是代数和几何学. 几何变换可以使用户获得大小、形状和位置都发生变化的各种图像. 为讨论和研究问题方便, 无论是图像比例缩放、旋转、反射和剪切, 还是图像的平移、透视变化及复合变换等, 几何变换一般都采用如下形式:

$$\begin{bmatrix} x_1 \\ y_1 \end{bmatrix} = T \begin{bmatrix} x_0 \\ y_0 \end{bmatrix} = \begin{pmatrix} a & b \\ c & d \end{pmatrix} \begin{bmatrix} x_0 \\ y_0 \end{bmatrix} \tag{2.1}$$

根据几何学知识, 上述变换可以实现图像各像素点以及坐标原点的比例缩放、反射、剪切和旋转等, 但上述 2×2 阶变换矩阵 T 不能实现图像的平移以及绕任意点的比例统一缩放、反射、剪切和旋转变换. 因此, 为了能够用统一的矩阵线性变换形式表示和实现这些常见的图像几何变换，就需要引入一种新的坐标——齐次坐标，采用齐次坐标可以实现上述各种几何变换的统一表示.

若将点 $A_0(x_0, y_0)$ 在水平方向（x 方向）平移 Δx 距离，在垂直方向（y 方向）平移 Δy 距离，得到新的位置 $A_1(x_1, y_1)$，则新位置 $A_1(x_1, y_1)$ 点的坐标为 $\begin{cases} x_1 = x_0 + \Delta x \\ y_1 = y_0 + \Delta y \end{cases}$，即为

$$\begin{bmatrix} x_1 \\ y_1 \end{bmatrix} = \begin{pmatrix} 1 & 0 \\ 0 & 1 \end{pmatrix} \begin{pmatrix} x_0 \\ y_0 \end{pmatrix} + \begin{pmatrix} \Delta x \\ \Delta y \end{pmatrix}$$

为了表达成式（2.1）的形式，可根据矩阵运算规律，将矩阵 T 扩展为 2×3 阶变换矩阵，其形式为 $T = \begin{pmatrix} 1 & 0 & \Delta x \\ 0 & 1 & \Delta y \end{pmatrix}$. 从而有

$$\begin{bmatrix} x_1 \\ y_1 \end{bmatrix} = \begin{pmatrix} 1 & 0 & \Delta x \\ 0 & 1 & \Delta y \end{pmatrix} \begin{bmatrix} x_0 \\ y_0 \\ 1 \end{bmatrix}$$

更一般地，将 2×3 阶矩阵 T 进一步扩展为 3×3 阶矩阵，采用如下变换矩阵：

$$T = \begin{bmatrix} 1 & 0 & \Delta x \\ 0 & 1 & \Delta y \\ 0 & 0 & 1 \end{bmatrix},$$

故有，
$$\begin{bmatrix} x_1 \\ y_1 \\ 1 \end{bmatrix} = \begin{bmatrix} 1 & 0 & \Delta x \\ 0 & 1 & \Delta y \\ 0 & 0 & 1 \end{bmatrix} \begin{bmatrix} x_0 \\ y_0 \\ 1 \end{bmatrix} \tag{2.2}$$

由此可知，引入附加坐标后，将 2×2 阶矩阵扩展为 3×3 阶矩阵，就可以对各种几何变换进行统一表示，这种以 $n+1$ 维向量表示 n 维向量的方法称为齐次坐标表示法. 齐次坐标的几何意义相当于点 (x, y) 投影在 xyz 三维立体空间的 $z=1$ 的平面上.

二、图像的平移变换的几点说明

对图像进行平移运算，平移后新图像上的每一点都可以在原图像中找到对应的点. 例如，对应新图像中的像素 $(0, 0)$，就有原图像中的像素 $(-\Delta x, -\Delta y)$，如果 Δx 或 Δy 大于 0，则点 $(-\Delta x, -\Delta y)$ 不在原图像中. 对于不在原图像中的点，可以直接将它的像素值统一设置为 0 或者 255（对于灰度图像就是黑色或白色）.

设某一图像矩阵 F 如式（2.3），图像平移后，可以将不在原图像中的像素值统一设置为 0，如式（2.4）所对应的矩阵 G，也可以将不在原图像中的点的像素值统一设置为 255，如式（2.5）所对应的矩阵 H.

$$F = \begin{bmatrix} f_{11} & f_{12} & \cdots & f_{1(n-1)} & f_{1n} \\ f_{21} & f_{22} & \cdots & f_{2(n-1)} & f_{2n} \\ \vdots & \vdots & & \vdots & \vdots \\ f_{n1} & f_{n2} & \cdots & f_{n(n-1)} & f_{nn} \end{bmatrix} \tag{2.3}$$

$$G=\begin{bmatrix} 0 & 0 & 0 & \cdots & 0 \\ 0 & f_{11} & f_{12} & \cdots & f_{1(n-1)} \\ 0 & f_{21} & f_{22} & \cdots & f_{2(n-1)} \\ \vdots & \vdots & \vdots & & \vdots \\ 0 & f_{n1} & f_{n2} & \cdots & f_{n(n-1)} \end{bmatrix} \tag{2.4}$$

$$H=\begin{bmatrix} 255 & 255 & 255 & \cdots & 255 \\ 255 & f_{11} & f_{12} & \cdots & f_{1(n-1)} \\ 255 & f_{21} & f_{22} & \cdots & f_{2(n-1)} \\ \vdots & \vdots & \vdots & & \vdots \\ 255 & f_{n1} & f_{n2} & \cdots & f_{n(n-1)} \end{bmatrix} \tag{2.5}$$

若图像平移后并没有被放大,说明移出的部分被截断,原图像中有点被移出显示区域. 式(2.4)、式(2.5)所对应的矩阵 G 和 H 是式(2.3)所对应的矩阵 F 的结果,由于平移后图像没有被放大,从而移出的部分丢失.

若不想丢失被移出的部分图像,就将新生成的图像扩大,则

$$G=\begin{bmatrix} 0 & 0 & 0 & \cdots & 0 & 0 \\ 0 & f_{11} & f_{12} & \cdots & f_{1(n-1)} & f_{1n} \\ 0 & f_{21} & f_{22} & \cdots & f_{2(n-1)} & f_{2n} \\ \vdots & \vdots & \vdots & & \vdots & \vdots \\ 0 & f_{n1} & f_{n2} & \cdots & f_{n(n-1)} & f_{nn} \end{bmatrix}.$$

知识点链接:知识点链接:线性代数——矩阵乘法 线性变换

第二节 图像按比例缩放的数学原理

一、图像的比例缩放变换

在实际应用或科研领域,很多时候要对图像进行裁剪操作. 图像裁剪就是在原图像或者大图像中裁剪出图像块,这个图像块一般是多边形的. 图像裁剪是图像处理中的基本操作之一,操作比较简单. 图像按比例缩放是指将给定的图像在 x 轴方向按比例缩放 f_x 倍,在 y 轴方向按比例缩放 f_y 倍,从而获得一幅新的图像. 如果 $f_x = f_y$,即在 x 轴方向和 y 轴方向缩放的比例相同,称这样的比例缩放为图像的全比例缩放,如果 $f_x \neq f_y$,图像的比例缩放会改变原始图像像素间的相对位置,产生几何畸变.

设原图像中的点 $P_0(x_0, y_0)$ 按比例缩放后,在新图像中的对应点为 $P(x, y)$,则 $P_0(x_0, y_0)$ 和 $P(x, y)$ 之间的对应关系用矩阵形式可以表示为

$$\begin{bmatrix} x \\ y \\ 1 \end{bmatrix} = \begin{bmatrix} f_x & 0 & 0 \\ 0 & f_y & 0 \\ 0 & 0 & 0 \end{bmatrix} \begin{bmatrix} x_0 \\ y_0 \\ 1 \end{bmatrix}$$

其代数式为

$$\begin{cases} x = f_x \cdot x_0 \\ y = f_y \cdot y_0 \end{cases}$$

二、图像的比例缩小变换——基于等间隔采样的图像缩小方法

从数码技术的角度看，图像的缩小是通过减少像素个数来实现的，因此，需要根据所期望缩小的尺寸数据，从原图像中选择合适的像素点，使图像缩小之后尽可能保持原有图像的概貌特征不丢失.

等间隔采样的图像缩小方法的设计思想是：通过对画面像素的均匀采样来保持所选择的像素仍旧可以保持图像的概貌特征. 该方法的具体实现步骤为：设原图像为 $F(i, j)$，大小为 $M \times N$ $(i = 1, 2, \cdots, M; j = 1, 2, \cdots, N)$，缩小后的图像为 $G(i, j)$，大小为 $k_1 M \times k_2 N$（当 $k_1 = k_2$ 时按比例缩小，当 $k_1 \neq k_2$ 时为不按比例缩小，且 $k_1 < 1$，$k_2 < 1$）$(i = 1, 2, \cdots, k_1 M; j = 1, 2, \cdots, k_2 N)$，则有

$$\Delta i = \frac{1}{k_1}, \quad \Delta j = \frac{1}{k_2} \tag{2.6}$$

$$g(i, j) = f(\Delta i \cdot i, \Delta j \cdot j) \tag{2.7}$$

下面举一个简单的例子说明图像是如何缩小的. 设原图像为

$$F = \begin{bmatrix} f_{11} & f_{12} & f_{13} & f_{14} & f_{15} & f_{16} \\ f_{21} & f_{22} & f_{23} & f_{24} & f_{25} & f_{26} \\ f_{31} & f_{32} & f_{33} & f_{34} & f_{35} & f_{36} \\ f_{41} & f_{42} & f_{43} & f_{44} & f_{45} & f_{46} \end{bmatrix}$$

图像矩阵的大小为 4×6，将其进行缩小，缩小的倍数为 $k_1 = 0.7$，$k_2 = 0.6$，则缩小图像的大小为 3×4. 由式（2.6）计算得到 $\Delta i = \frac{1}{k_1} \approx 1.4$，$\Delta j = \frac{1}{k_2} \approx 1.7$，由式（2.7）可得缩小后的图像矩阵为

$$G = \begin{bmatrix} f_{12} & f_{13} & f_{15} & f_{16} \\ f_{32} & f_{33} & f_{35} & f_{36} \\ f_{42} & f_{43} & f_{45} & f_{46} \end{bmatrix}$$

举例说明，$g(2, 3) = f(1.4 \times 2, 1.7 \times 3) = f(2.8, 5.1)$，出现了小数，具体取值时按就近取整的原则，取 $g(2, 3) = f(3, 5)$，其他元素值依此类推.

三、图像的比例缩小变换——基于局部均值的图像缩小方法

采用等间隔采样的图像缩小方法，算法实现非常简单，但是没有被选取的点的信息就

无法反映在缩小后的图像中. 为了解决这个问题，可以采用基于局部均值的方法来实现图像的缩小，该方法的具体实现步骤如下：

用式 $\Delta i = \dfrac{1}{k_1}$，$\Delta j = \dfrac{1}{k_2}$ 计算采样间隔，得到 Δi，Δj，求出相邻两个采样点之间所包含的原图像的子块，因为

$$F_{(i,j)} = \begin{bmatrix} f_{\Delta i \cdot (i-1)+1, \, \Delta j \cdot (j-1)+1} & \cdots & f_{\Delta i \cdot (i-1)+1, \, \Delta j \cdot j} \\ \vdots & & \vdots \\ f_{\Delta i \cdot i, \, \Delta j \cdot (j-1)+1} & \cdots & f_{\Delta i \cdot i, \, \Delta j \cdot j} \end{bmatrix} \tag{2.8}$$

利用 $g(i, j) = F(i, j)$ 的均值，求出缩小的图像. 同上例一样，设原图像为

$$F = \begin{bmatrix} f_{11} & f_{12} & f_{13} & f_{14} & f_{15} & f_{16} \\ f_{21} & f_{22} & f_{23} & f_{24} & f_{25} & f_{26} \\ f_{31} & f_{32} & f_{33} & f_{34} & f_{35} & f_{36} \\ f_{41} & f_{42} & f_{43} & f_{44} & f_{45} & f_{46} \end{bmatrix}$$

大小为 4×6，将其进行缩小，缩小的倍数为 $k_1 = 0.7$，$k_2 = 0.6$，则缩小图像的大小为 3×4. 由公式计算得到 $\Delta i = \dfrac{1}{k_1} = 1.4$，$\Delta j = \dfrac{1}{k_2} = 1.7$，由式（2.8）可以将图像 F 分块为

$$F = \begin{bmatrix} f_{11} & f_{12} & f_{13} & f_{14} & f_{15} & f_{16} \\ f_{21} & f_{22} & f_{23} & f_{24} & f_{25} & f_{26} \\ f_{31} & f_{32} & f_{33} & f_{34} & f_{35} & f_{36} \\ f_{41} & f_{42} & f_{43} & f_{44} & f_{45} & f_{46} \end{bmatrix} \tag{2.9}$$

例如，$F_{(2,3)} = \begin{bmatrix} f_{1.4 \cdot (2-1)+1, \, 1.7 \cdot (3-1)+1} & \cdots & f_{1.4 \cdot (2-1)+1, \, 1.7 \cdot 3} \\ \vdots & & \vdots \\ f_{1.4 \cdot 2, \, 1.7 \cdot (3-1)+1} & \cdots & f_{1.4 \cdot 2, \, 1.7 \cdot 3} \end{bmatrix} = \begin{bmatrix} f_{2.4, \, 4.4} & f_{2.4, \, 5.1} \\ f_{2.8, \, 4.4} & f_{2.8, \, 5.1} \end{bmatrix}$,

同样出现了小数，具体取 $F_{(2,3)} = \begin{bmatrix} f_{24} & f_{25} \\ f_{34} & f_{35} \end{bmatrix}$，也就得到了式（2.9）中第 2 行第 3 列的块.

再由 $g(i, j) = F(i, j)$ 的均值，得到缩小图像为

$$G = \begin{bmatrix} g_{11} & g_{12} & g_{13} & g_{14} \\ g_{21} & g_{22} & g_{23} & g_{24} \\ g_{31} & g_{32} & g_{33} & g_{34} \end{bmatrix}$$

式中，$g(i, j)$ 为式（2.9）各子块的均值，如 $g_{21} = (f_{21} + f_{22} + f_{31} + f_{32})/4$.

若图像为

$$F = \begin{bmatrix} 31 & 35 & 39 & 13 & 17 & 21 \\ 32 & 36 & 10 & 14 & 18 & 22 \\ 33 & 37 & 11 & 15 & 19 & 23 \\ 34 & 38 & 12 & 16 & 20 & 24 \end{bmatrix}$$

按照上例缩小比例，采用等间隔采样和局部均值采样得到的缩小图像分别为

$$G=\begin{pmatrix} 35 & 39 & 17 & 21 \\ 37 & 11 & 19 & 23 \\ 38 & 12 & 20 & 24 \end{pmatrix}$$

$$G'=\begin{pmatrix} 33 & 39 & 15 & 21 \\ 35 & 11 & 17 & 23 \\ 36 & 12 & 18 & 24 \end{pmatrix}$$

四、图像的比例放大变换——最近邻域法

图像的缩小操作是在现有的信息里挑选所需要的有用信息，而图像的放大操作则需要在尺寸放大后多出来的空格填入适当的像素值，这是信息的估计问题，所以较图像的缩小要难一些．由于图像相邻像素之间的相关性很强，可以利用这个相关性来实现图像的放大．与图像缩小相同，按比例放大不会引起图像的畸变，而不按比例放大则会产生图像的畸变．图像放大一般采用最近邻域法和线性插值法．

最近邻域法就是按比例将原图像放大 k 倍时，则需要将一个像素值添加在新图像的 $k\times k$ 阶子块中，式（2.10）为原图像矩阵的 F，该图像放大 3 倍得到新图像的矩阵 G，用式（2.11）表示．显然放大倍数太大，按照这种方法处理会出现马赛克效应．

$$F=\begin{pmatrix} f_{11} & f_{12} & f_{13} \\ f_{21} & f_{22} & f_{23} \\ f_{31} & f_{32} & f_{33} \end{pmatrix} \tag{2.10}$$

$$G=\begin{pmatrix} f_{11} & f_{11} & f_{11} & f_{12} & f_{12} & f_{12} & f_{13} & f_{13} & f_{13} \\ f_{11} & f_{11} & f_{11} & f_{12} & f_{12} & f_{12} & f_{13} & f_{13} & f_{13} \\ f_{11} & f_{11} & f_{11} & f_{12} & f_{12} & f_{12} & f_{13} & f_{13} & f_{13} \\ f_{21} & f_{21} & f_{21} & f_{22} & f_{22} & f_{22} & f_{23} & f_{23} & f_{23} \\ f_{21} & f_{21} & f_{21} & f_{22} & f_{22} & f_{22} & f_{23} & f_{23} & f_{23} \\ f_{21} & f_{21} & f_{21} & f_{22} & f_{22} & f_{22} & f_{23} & f_{23} & f_{23} \\ f_{31} & f_{31} & f_{31} & f_{32} & f_{32} & f_{32} & f_{33} & f_{33} & f_{33} \\ f_{31} & f_{31} & f_{31} & f_{32} & f_{32} & f_{32} & f_{33} & f_{33} & f_{33} \\ f_{31} & f_{31} & f_{31} & f_{32} & f_{32} & f_{32} & f_{33} & f_{33} & f_{33} \end{pmatrix} \tag{2.11}$$

五、图像的比例放大变换——线性插值法

为提高几何变换后的图像质量，常采用线性插值法，该方法的原理是：当求出的分数地址与像素点不一致时，求出周围四个像素点的距离比，根据该比率，由四个邻域的像素灰度值进行线性插值，如图 2-1 所示．

简化后的灰度值计算公式如下：

$$g(x,y)=(1-q)\{(1-p)\times g([x],[y])+p\times g([x]+1,[y])\}$$
$$+q\{(1-p)\times g([x],[y]+1)+p\times g([x]+1,[y]+1)\}$$

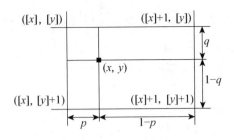

图 2-1　线性插值法示意图

式中，$g(x, y)$ 为坐标 (x, y) 处的灰度值，$[x]$，$[y]$ 分别为不大于 x，y 的整数.

知识点链接：线性代数——矩阵运算　线性性质

第三节　图像旋转变换与错切变换的数学原理

一、旋转变换

图像的旋转变换是几何学的重要内容之一. 一般情况下，图像的旋转变换是指以图像的中心为原点，将图像上的所有像素都旋转同一个角度的变换. 图像经过旋转变换之后，图像的位置发生了改变，但旋转后，图像的大小一般也会改变. 同平移变换一样，在图像旋转变换中既可以把旋转出显示区域的图像截去，也可以扩大显示区域的图像范围以显示图像的全部.

设原始图像的任意点 $A_0(x_0, y_0)$ 经顺时针旋转 β 角度后到新的位置 $A(x, y)$，为方便起见，采用极坐标形式表示，原始点的角度为 α.

根据极坐标与二维直角坐标之间的关系，原始图像的点 $A_0(x_0, y_0)$ 的坐标如下：

$$\begin{cases} x_0 = r\cos\alpha \\ y_0 = r\sin\alpha \end{cases}$$

旋转到新的位置后，点 $A(x, y)$ 的坐标如下

$$\begin{cases} x = r\cos(\alpha - \beta) = r\cos\alpha\cos\beta + r\sin\alpha\sin\beta \\ y = r\sin(\alpha - \beta) = r\sin\alpha\cos\beta - r\cos\alpha\sin\beta \end{cases}$$

由于旋转坐标需要用点 $A_0(x_0, y_0)$ 表示点 $A(x, y)$，因此对上式进行简化，可得

$$\begin{cases} x = x_0\cos\beta + y_0\sin\beta \\ y = -x_0\sin\beta + y_0\cos\beta \end{cases}$$

同样，图像的旋转变换也可以用矩阵的形式表示如下：

$$\begin{bmatrix} x \\ y \\ 1 \end{bmatrix} = \begin{bmatrix} \cos\beta & \sin\beta & 0 \\ -\sin\beta & \cos\beta & 0 \\ 0 & 0 & 0 \end{bmatrix} \begin{bmatrix} x_0 \\ y_0 \\ 1 \end{bmatrix}$$

图像旋转后，由于数字图像的坐标值必须是整数，因此，可能引起图像部分像素点的局部改变，所以图像的大小也会发生一定的改变.

例如，图像旋转角 $\beta = 45°$，则变换关系如下

$$\begin{cases} x = 0.707x_0 + 0.707y_0 \\ y = -0.707x_0 + 0.707y_0 \end{cases}$$

以原始图像（1，1）为例，旋转以后均为小数，经舍入后为（1，0），产生了位置误差，因此，图像旋转后可能会发生一些细微变化.

对图像进行旋转变换时应注意以下几点：

（1）为了避免图像旋转后可能产生的信息丢失，可以先进行平移，后进行旋转.

（2）图像旋转后，可能会出现一些空白点，需要对这些空白点进行灰度级的插值处理，否则会影响旋转后的图像质量.

在某些情况下，一个几何变换需要两个独立算法支持. 其中一个算法用来实现空间变换本身，用它描述每个像素点如何从其初始位置移动到目标位置，即每个像素点的几何变换；而另一个算法用于灰度级的插值，就是因为输入图像的位置坐标为整数，而目标图像的像素坐标位置不一定是整数，因此需要进行灰度级插值来提高图像质量.

需要指出的是，上述讨论的旋转是绕坐标轴原点（0，0）进行的，如果图像旋转是绕一个其他指定点（a，b）旋转，则要先将坐标系平移到该点，再进行旋转，然后将旋转后的图像平移回原来的坐标.

二、图像的错切变换

图像的错切变换实际上是平面景物在投影平面上的非垂直投影. 错切使图像中的图形产生扭变，这种扭变只在一个方向上产生，即分别称为水平方向的错切变换或垂直方向的错切变换.

（一）水平方向的错切变换

根据图像错切的定义，在水平方向上的错切是指图形在水平方向上发生了扭变. 如图 2-2 所示，当图 2-2（a）发生了水平方向的错切之后，图 2-2（b）所示矩形的水平方向上的边扭变成斜边，而垂直方向上的边不变，图像水平方向上的错切的数学表达式为

$$\begin{cases} x' = x + by \\ y' = y \end{cases} \tag{2.12}$$

式中，（x，y）为原图像的坐标，（x'，y'）为错切后的图像坐标.

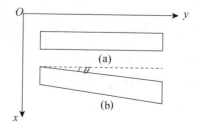

图 2-2　水平方向错切示意图

由式（2.12），错切时图形的纵坐标不变，横坐标随坐标（x，y）和系数 b 作线性变化，$b=\tan\theta$. 若 $b>0$，则图形沿着 x 轴正向进行错切；若 $b<0$，则图形沿着 x 轴负向进行错切.

（二）垂直方向上的错切变换

图像在垂直方向上的错切是指图形在垂直方向上的扭变. 如图 2-3 所示，当图 2-3（a）发生了垂直方向的错切之后，图 2-3（b）所示矩形的垂直方向上的边扭变成斜边，而水平方向上的边不变，图像在垂直方向上的错切的数学表达式为

$$\begin{cases} x'=x \\ y'=y+dx \end{cases} \tag{2.13}$$

式中，（x，y）为原图像的坐标，（x'，y'）为错切后的图像坐标.

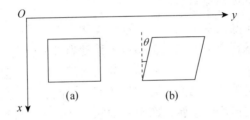

图 2-3　垂直方向错切示意图

由式（2.13），错切时图形的横坐标不变，纵坐标随坐标（x，y）和系数 d 作线性变化，$d=\tan\theta$. 若 $d>0$，图形沿着 y 轴正向进行错切；若 $d<0$，图形沿着 y 轴负向进行错切.

三、利用错切实现图像的旋转

根据三角函数的性质，可以利用错切实现图像的旋转. 因为

$$\begin{bmatrix} 1 & -\tan\dfrac{\theta}{2} \\ 0 & 1 \end{bmatrix}\begin{pmatrix} 1 & 0 \\ \sin\theta & 1 \end{pmatrix}\begin{pmatrix} 1 & -\tan\dfrac{\theta}{2} \\ 0 & 1 \end{pmatrix}=\begin{pmatrix} \cos\theta & -\sin\theta \\ \sin\theta & \cos\theta \end{pmatrix}$$

图像旋转 θ 角用矩阵形式表示为

$$\begin{pmatrix} x' \\ y' \end{pmatrix}=\begin{pmatrix} \cos\theta & -\sin\theta \\ \sin\theta & \cos\theta \end{pmatrix}\begin{pmatrix} x \\ y \end{pmatrix}$$

在 x 方向和 y 方向上的错切矩阵形式表示为

$$\begin{pmatrix} x' \\ y' \end{pmatrix}=\begin{pmatrix} 1 & b \\ 0 & 1 \end{pmatrix}\begin{pmatrix} x \\ y \end{pmatrix},\quad \begin{pmatrix} x' \\ y' \end{pmatrix}=\begin{pmatrix} 1 & 0 \\ d & 1 \end{pmatrix}\begin{pmatrix} x \\ y \end{pmatrix}$$

所以，图像旋转可以分解为三次图像的错切来实现.

下面从一个简单的例子来体会该方法的思想. 设图像为

$$F=\begin{bmatrix} f_{11} & f_{12} & f_{13} \\ f_{21} & f_{22} & f_{23} \\ f_{31} & f_{32} & f_{33} \end{bmatrix} \tag{2.14}$$

要进行逆时针 $30°$ 的旋转．首先将式（2.14）进行第 1 次 x 方向上的错切，即 $b=-\tan15°=-0.268$，得到第 1 次错切结果为

$$
G_1 = \begin{pmatrix} 0 & 0 & f_{13} \\ f_{11} & f_{12} & f_{23} \\ f_{21} & f_{22} & f_{33} \\ f_{31} & f_{32} & 0 \end{pmatrix}
\tag{2.15}
$$

知识点链接：线性代数——线性变换　矩阵乘法

第四节　图像镜像变换的数学原理

一、图像的镜像变换——水平镜像变换

镜像变换也是与人们日常生活密切相关的一种变换，图像的镜像变换不改变图像的形状．图像的镜像变换包括水平镜像变换、垂直镜像变换和对角镜像变换三种．图像的水平镜像变换是将图像左半部分和右半部分以图像垂直中轴线为中心进行镜像对换．

设点 $A_0(x_0，y_0)$ 经过镜像变换后的对应点为 $A(x，y)$，图像的高度为 h，宽度为 w，原始图像中的点 $A_0(x_0，y_0)$ 经水平镜像变换后坐标变为

$$
\begin{cases} x=w-x_0 \\ y=y_0 \end{cases}
$$

图像的水平镜像变换用矩阵形式表示为

$$
\begin{bmatrix} x \\ y \\ 1 \end{bmatrix} = \begin{pmatrix} -1 & 0 & w \\ 0 & 1 & 0 \\ 0 & 0 & 1 \end{pmatrix} \begin{bmatrix} x_0 \\ y_0 \\ 1 \end{bmatrix}
$$

同样也可以根据点 $A(x，y)$ 求解原始点 $A_0(x_0，y_0)$ 的坐标，矩阵表示形式如下

$$
\begin{bmatrix} x_0 \\ y_0 \\ 1 \end{bmatrix} = \begin{pmatrix} -1 & 0 & w \\ 0 & 1 & 0 \\ 0 & 0 & 1 \end{pmatrix} \begin{bmatrix} x \\ y \\ 1 \end{bmatrix}
$$

知识点链接：线性变换

二、图像的镜像变换——垂直镜像变换

图像的垂直镜像变换是将图像的上半部分和下半部分以图像水平中轴线为中心进行镜像变换．

对于垂直变换，设点 $A_0(x_0, y_0)$ 经过垂直镜像后的对应点为 $A(x, y)$，图像的高度为 h，宽度为 w，原始图像中的点 $A_0(x_0, y_0)$ 经水平镜像变换后坐标变为

$$\begin{cases} x = x_0 \\ y = h - y_0 \end{cases}$$

图像的垂直镜像变换用矩阵形式表示为

$$\begin{pmatrix} x \\ y \\ 1 \end{pmatrix} = \begin{pmatrix} 1 & 0 & 0 \\ 0 & -1 & h \\ 0 & 0 & 1 \end{pmatrix} \begin{pmatrix} x_0 \\ y_0 \\ 1 \end{pmatrix}$$

同样也可以根据点 $A(x, y)$ 求解原始点 $A_0(x_0, y_0)$ 的坐标，矩阵表示形式如下：

$$\begin{pmatrix} x_0 \\ y_0 \\ 1 \end{pmatrix} = \begin{pmatrix} 1 & 0 & 0 \\ 0 & -1 & h \\ 0 & 0 & 1 \end{pmatrix} \begin{pmatrix} x \\ y \\ 1 \end{pmatrix}$$

三、图像的镜像变换——对角镜像变换

图像的对角镜像变换是将图像作水平镜像变换再作垂直镜像变换后的结果.

对于对角镜像变换，设点 $A_0(x_0, y_0)$ 经过对角镜像变换后的对应点为 $A(x, y)$，图像的高度为 h，宽度为 w，原始图像中的点 $A_0(x_0, y_0)$ 经对角镜像变换后坐标变为

$$\begin{cases} x = w - x_0 \\ y = h - y_0 \end{cases}$$

图像的对角镜像变换用矩阵形式表示为

$$\begin{pmatrix} x \\ y \\ 1 \end{pmatrix} = \begin{pmatrix} -1 & 0 & w \\ 0 & -1 & h \\ 0 & 0 & 1 \end{pmatrix} \begin{pmatrix} x_0 \\ y_0 \\ 1 \end{pmatrix}$$

同样也可以根据点 $A(x, y)$ 求解原始点 $A_0(x_0, y_0)$ 的坐标，矩阵表示形式如下：

$$\begin{pmatrix} x_0 \\ y_0 \\ 1 \end{pmatrix} = \begin{pmatrix} -1 & 0 & w \\ 0 & -1 & h \\ 0 & 0 & 1 \end{pmatrix} \begin{pmatrix} x \\ y \\ 1 \end{pmatrix}$$

知识点链接：线性代数——矩阵乘法 线性变换

第五节 图像复合变换的数学原理

图像的复合变换是指对给定的图像连续施行若干次如前所述的平移、镜像、比例缩

放、旋转等基本变换后所完成的变换，图像的复合变换又叫作级联变换.

利用齐次坐标，对给定的图像依次按一定的顺序施行若干次基本变换，其变换的矩阵仍然可以用 3×3 阶矩阵表示，而且从数学上可以证明，复合变换的矩阵等于基本变换的矩阵按顺序依次相乘得到的组合矩阵. 设对给定的图像依次进行了基本变换 F_1, F_2, $\cdots$, F_N，它们的变换矩阵分别为 T_1, T_2, $\cdots$, T_N，则图像复合变换的矩阵 $T = T_N T_{N-1} \cdots T_1$.

（一）复合平移

设某个图像先平移到新的位置 $P_1(x_1, y_1)$ 后，再将图像平移到位置 $P_2(x_2, y_2)$，则复合平移矩阵为

$$T = T_1 T_2 = \begin{pmatrix} 1 & 0 & x_1 \\ 0 & 1 & y_1 \\ 0 & 0 & 1 \end{pmatrix} \begin{pmatrix} 1 & 0 & x_2 \\ 0 & 1 & y_2 \\ 0 & 0 & 1 \end{pmatrix} = \begin{pmatrix} 1 & 0 & x_1 + x_2 \\ 0 & 1 & y_1 + y_2 \\ 0 & 0 & 1 \end{pmatrix}$$

由此可见，尽管一些顺序的平移用到矩阵的乘法，但最后合成的平移矩阵只需对平移常量作加法运算.

（二）复合比例

类似地，对某个图像连续进行比例变换，最后合成的复合比例矩阵只要对比例常量做乘法运算即可. 复合比例矩阵如下：

$$T = T_1 T_2 = \begin{pmatrix} a_1 & 0 & 0 \\ 0 & d_1 & 0 \\ 0 & 0 & 1 \end{pmatrix} \begin{pmatrix} a_2 & 0 & 0 \\ 0 & d_2 & 0 \\ 0 & 0 & 1 \end{pmatrix} = \begin{pmatrix} a_1 a_2 & 0 & 0 \\ 0 & d_1 d_2 & 0 \\ 0 & 0 & 1 \end{pmatrix}$$

（三）复合旋转

类似地，对某个图像连续进行多次旋转变换，最后合成的旋转变换矩阵等于各次旋转角度之和. 以包含两次旋转变换的复合旋转变换为例，其最后的变换矩阵如下：

$$T = T_1 T_2 = \begin{pmatrix} \cos\theta_1 & \sin\theta_1 & 0 \\ -\sin\theta_1 & \cos\theta_1 & 0 \\ 0 & 0 & 1 \end{pmatrix} \begin{pmatrix} \cos\theta_2 & \sin\theta_2 & 0 \\ -\sin\theta_2 & \cos\theta_2 & 0 \\ 0 & 0 & 1 \end{pmatrix}$$

$$= \begin{pmatrix} \cos(\theta_1 + \theta_2) & \sin(\theta_1 + \theta_2) & 0 \\ -\sin(\theta_1 + \theta_2) & \cos(\theta_1 + \theta_2) & 0 \\ 0 & 0 & 1 \end{pmatrix}$$

以上均为相对于原点（图像中心）做比例、旋转等复合变换，如果要相对其他参考点进行以上变换，则要先进行平移，然后进行其他基本变换，最后形成图像的复合变换. 不同的复合变换所包含的基本变换的数量和次序不同，但是无论其变换过程多么复杂，都可以分解成若干基本变换，都可以采用齐次坐标表示，且图像复合变换矩阵由一系列基本变换矩阵依次相乘而得到.

知识点链接：线性代数——矩阵乘法 线性变换

第六节 三维图形变换的数学表达

一、三维图形的齐次坐标表示法

在二维图形变换的讨论中已经提出了齐次坐标表示法的概念，即 n 维空间中的点用 $n+1$ 个数表示。因此，三维空间中的点需要用 4 个数来表示，而相应的变换矩阵为 4×4 阶矩阵。

如果用 $(x, y, z, 1)$ 表示变换前三维空间中的点 (x, y, z)，用 $(x', y', z', 1)$ 表示变换后三维空间中的点 (x', y', z')，则空间点的变换式为

$$(x, y, z, 1) \cdot T = (x', y', z', 1)$$

式中 T 为三维图形的变换矩阵，它是一个 4×4 阶矩阵，即

$$T = \begin{bmatrix} a & b & c & p \\ d & e & f & q \\ g & h & i & r \\ l & m & n & s \end{bmatrix}$$

将 4×4 阶矩阵分成 4 个子矩阵，各自作用如下：

3×3 阶子矩阵 $\begin{bmatrix} a & b & c \\ d & e & f \\ g & h & i \end{bmatrix}$ 可使三维图形实现比例、对称、错切和旋转变换；

1×3 阶子矩阵 $(l \quad m \quad n)$ 可使图形实现平移变换；

3×1 阶子矩阵 $\begin{bmatrix} p \\ q \\ r \end{bmatrix}$ 可使图形实现透视变换；

1×1 阶子矩阵 (s) 可使图形实现全比例变换。

二、三维比例变换

关于原点的比例变换的变换矩阵为

$$T = \begin{bmatrix} a & 0 & 0 & 0 \\ 0 & e & 0 & 0 \\ 0 & 0 & i & 0 \\ 0 & 0 & 0 & s \end{bmatrix}$$，主对角线上的元素 a, e, i 和 s 使空间立体产生局部或总体比例

变换.

(1) 当 $T = \begin{bmatrix} a & 0 & 0 & 0 \\ 0 & e & 0 & 0 \\ 0 & 0 & i & 0 \\ 0 & 0 & 0 & 1 \end{bmatrix}$ 时，

$$(x \quad y \quad z \quad 1)\begin{pmatrix} a & 0 & 0 & 0 \\ 0 & e & 0 & 0 \\ 0 & 0 & i & 0 \\ 0 & 0 & 0 & 1 \end{pmatrix} = (ax \quad ey \quad iz \quad 1) = (x' \quad y' \quad z' \quad 1),$$

即 $x'=ax$，$y'=ey$，$z'=iz$. 由此可知，空间点 $(x \quad y \quad z)$ 的坐标分别按比例 a，e，i 进行变换，可使得整个图形按比例放大或缩小.

当 $a=e=i=1$ 时，图形不变，是恒等变换.

当 $a=e=i>1$ 时，图形放大.

当 $a=e=i<1$ 时，图形缩小.

当 $a \neq e \neq i$ 时，立体各向缩放比例不同，这时立体要产生变化.

例如　设变换矩阵 $T=\begin{pmatrix} 2 & 0 & 0 & 0 \\ 0 & 3 & 0 & 0 \\ 0 & 0 & 4 & 0 \\ 0 & 0 & 0 & 1 \end{pmatrix}$，对经过原点和坐标轴的单位立方体进行变换：

$$\begin{pmatrix} 0 & 0 & 0 & 1 \\ 0 & 0 & 1 & 1 \\ 0 & 1 & 0 & 1 \\ 0 & 1 & 1 & 1 \\ 1 & 0 & 0 & 1 \\ 1 & 0 & 1 & 1 \\ 1 & 1 & 0 & 1 \\ 1 & 1 & 1 & 1 \end{pmatrix}\begin{pmatrix} 2 & 0 & 0 & 0 \\ 0 & 3 & 0 & 0 \\ 0 & 0 & 4 & 0 \\ 0 & 0 & 0 & 1 \end{pmatrix} = \begin{pmatrix} 0 & 0 & 0 & 1 \\ 0 & 0 & 4 & 1 \\ 0 & 3 & 0 & 1 \\ 0 & 3 & 4 & 1 \\ 2 & 0 & 0 & 1 \\ 2 & 0 & 4 & 1 \\ 2 & 3 & 0 & 1 \\ 2 & 3 & 4 & 1 \end{pmatrix}$$

变换结果如图 2-4 所示，单位正方体变成长方体，细线表示原立方体，粗线表示变换后的长方体.

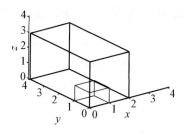

图 2-4　局部比例变换

（2）全比例变换.

设 $T=\begin{pmatrix} 1 & 0 & 0 & 0 \\ 0 & 1 & 0 & 0 \\ 0 & 0 & 1 & 0 \\ 0 & 0 & 0 & s \end{pmatrix}$，

$$\frac{1}{s}(x \quad y \quad z \quad 1) \cdot T = \frac{1}{s}(x \quad y \quad z \quad s) = (x/s \quad y/s \quad z/s \quad 1) = (x' \quad y' \quad z' \quad 1)$$

即 $x' = x/s$, $y' = y/s$, $z' = z/s$.

当 $s > 1$ 时，立体各方向等比例缩小；

当 $0 < s < 1$ 时，立体各方向等比例放大.

例如，设 $s = 0.5$，对经过原点和坐标轴的单位立方体进行变换，有

$$\frac{1}{0.5}\begin{pmatrix} 0 & 0 & 0 & 1 \\ 0 & 0 & 1 & 1 \\ 0 & 1 & 0 & 1 \\ 0 & 1 & 1 & 1 \\ 1 & 0 & 0 & 1 \\ 1 & 0 & 1 & 1 \\ 1 & 1 & 0 & 1 \\ 1 & 1 & 1 & 1 \end{pmatrix}\begin{pmatrix} 1 & 0 & 0 & 0 \\ 0 & 1 & 0 & 0 \\ 0 & 0 & 1 & 0 \\ 0 & 0 & 0 & 0.5 \end{pmatrix} = \begin{pmatrix} 0 & 0 & 0 & 1 \\ 0 & 0 & 2 & 1 \\ 0 & 2 & 0 & 1 \\ 0 & 2 & 2 & 1 \\ 2 & 0 & 0 & 1 \\ 2 & 0 & 2 & 1 \\ 2 & 2 & 0 & 1 \\ 2 & 2 & 2 & 1 \end{pmatrix},$$

变换结果见图 2-5，细线表示原图，粗线表示变换后的图.

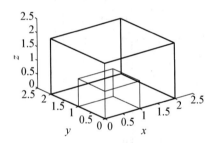

图 2-5 三维全比例变换

三、三维平移变换

平移变换是使立体在空间平移一段距离，其形状和大小保持不变. 变换矩阵为

$$T = \begin{pmatrix} 1 & 0 & 0 & 0 \\ 0 & 1 & 0 & 0 \\ 0 & 0 & 1 & 0 \\ l & m & n & 1 \end{pmatrix}$$

$$(x \quad y \quad z \quad 1)\begin{pmatrix} 1 & 0 & 0 & 0 \\ 0 & 1 & 0 & 0 \\ 0 & 0 & 1 & 0 \\ l & m & n & 1 \end{pmatrix} = (x+l \quad y+m \quad z+n \quad 1) = (x' \quad y' \quad z' \quad 1)$$

即 $x' = x+l$, $y' = y+m$, $z' = z+n$. l, m, n 分别为沿 x, y, z 轴方向的平移量，由它们的正负来决定立体平移方向.

例如，设变换矩阵中 $l = 3$, $m = 3$, $n = 3$，对经过原点和坐标轴的单位立方体进行平移变换得到

$$
\begin{pmatrix}
0 & 0 & 0 & 1 \\
0 & 0 & 1 & 1 \\
0 & 1 & 0 & 1 \\
0 & 1 & 1 & 1 \\
1 & 0 & 0 & 1 \\
1 & 0 & 1 & 1 \\
1 & 1 & 0 & 1 \\
1 & 1 & 1 & 1
\end{pmatrix}
\begin{pmatrix}
1 & 0 & 0 & 0 \\
0 & 1 & 0 & 0 \\
0 & 0 & 1 & 0 \\
3 & 3 & 3 & 1
\end{pmatrix}
=
\begin{pmatrix}
3 & 3 & 3 & 1 \\
3 & 3 & 4 & 1 \\
3 & 4 & 3 & 1 \\
3 & 4 & 4 & 1 \\
4 & 3 & 3 & 1 \\
4 & 3 & 4 & 1 \\
4 & 4 & 3 & 1 \\
4 & 4 & 4 & 1
\end{pmatrix}
$$

变换结果见图 2-6，细线表示原图，粗线表示变换后的图.

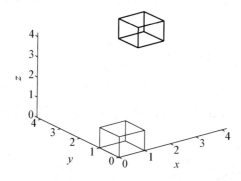

图 2-6　三维平移变换

四、三维对称变换

在三维空间最简单的对称变换是对称于坐标平面的变换. 空间一点关于 xOy 坐标面对称变换时，点的 (x, y) 坐标不变，只改变 z 的正负号. 因此，其变换矩阵为

$$
T =
\begin{pmatrix}
1 & 0 & 0 & 0 \\
0 & 1 & 0 & 0 \\
0 & 0 & -1 & 0 \\
0 & 0 & 0 & 1
\end{pmatrix}
$$

下面对半个单位立方体进行平移变换，得到

$$
\begin{pmatrix}
1 & 1 & 2 & 1 \\
1 & 1 & 1 & 1 \\
2 & 1 & 1 & 1 \\
2 & 2 & 1 & 1 \\
1 & 2 & 1 & 1 \\
2 & 1 & 2 & 1
\end{pmatrix}
\begin{pmatrix}
1 & 0 & 0 & 0 \\
0 & 1 & 0 & 0 \\
0 & 0 & -1 & 0 \\
0 & 0 & 0 & 1
\end{pmatrix}
=
\begin{pmatrix}
1 & 1 & -2 & 1 \\
1 & 1 & -1 & 1 \\
2 & 1 & -1 & 1 \\
2 & 2 & -1 & 1 \\
1 & 2 & -1 & 1 \\
2 & 1 & -2 & 1
\end{pmatrix}
$$

变换结果见图 2-7，细线表示原图，粗线表示变换后的图.

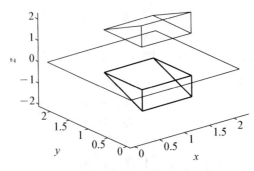

图 2-7 三维对称变换（关于 *xOy* 面）

同理关于 xOz 坐标面的对称变换矩阵和关于 yOz 坐标面的对称变换矩阵分别为

$$T = \begin{pmatrix} 1 & 0 & 0 & 0 \\ 0 & -1 & 0 & 0 \\ 0 & 0 & 1 & 0 \\ 0 & 0 & 0 & 1 \end{pmatrix} 和 T = \begin{pmatrix} -1 & 0 & 0 & 0 \\ 0 & 1 & 0 & 0 \\ 0 & 0 & 1 & 0 \\ 0 & 0 & 0 & 1 \end{pmatrix},$$

变换所得结果分别见图 2-8 和图 2-9，细线表示原图，粗线表示变换后的图.

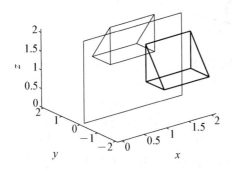

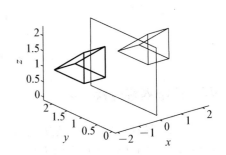

图 2-8 三维对称变换（关于 *xOz* 面）　　　　图 2-9 三维对称变换（关于 *yOz* 面）

五、三维错切变换

三维立体的某个面沿指定轴移动属于三维错切，三维错切是 3×3 阶子矩阵中各项非对角线元素产生的，其变换矩阵为

$$T = \begin{pmatrix} 1 & b & c & 0 \\ d & 1 & f & 0 \\ g & h & 1 & 0 \\ 0 & 0 & 0 & 1 \end{pmatrix}$$

变换结果为

$$(x \quad y \quad z \quad 1)T = (x+dy+gz \quad bx+y+hz \quad cx+fy+z \quad 1) = (x' \quad y' \quad z' \quad 1)$$

即 $x' = x+dy+gz$，$y' = bx+y+hz$，$z' = cx+fy+z$.

例如，将过原点及各坐标轴的单位立方体进行如下错切变换，使得错切平面沿 x 轴方向移动并离开 y 轴.

$$T=\begin{pmatrix} 1 & 0 & 0 & 0 \\ 1.5 & 1 & 0 & 0 \\ 0 & 0 & 1 & 0 \\ 0 & 0 & 0 & 1 \end{pmatrix}, 则$$

$$\begin{pmatrix} 0 & 0 & 0 & 1 \\ 0 & 0 & 1 & 1 \\ 0 & 1 & 0 & 1 \\ 0 & 1 & 1 & 1 \\ 1 & 0 & 0 & 1 \\ 1 & 0 & 1 & 1 \\ 1 & 1 & 0 & 1 \\ 1 & 1 & 1 & 1 \end{pmatrix} \begin{pmatrix} 1 & 0 & 0 & 0 \\ 1.5 & 1 & 0 & 0 \\ 0 & 0 & 1 & 0 \\ 0 & 0 & 0 & 1 \end{pmatrix} = \begin{pmatrix} 0 & 0 & 0 & 1 \\ 0 & 0 & 1 & 1 \\ 1.5 & 1 & 0 & 1 \\ 1.5 & 1 & 1 & 1 \\ 1 & 0 & 0 & 1 \\ 1 & 0 & 1 & 1 \\ 2.5 & 1 & 0 & 1 \\ 2.5 & 1 & 1 & 1 \end{pmatrix}$$

变换结果见图 2-10，细线表示原图，粗线表示变换后的图.

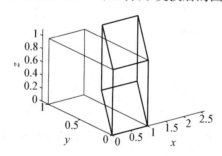

图 2-10　三维错切变换

六、三维旋转变换

三维旋转变换是指空间立体绕坐标轴旋转 θ 角，正负按右手定则确定，即右手拇指向坐标轴正向，其余 4 个手指指向便是 θ 角正角. 旋转变换后立体的大小和形状不发生变化，只是空间位置发生了变换.

比如绕 z 轴旋转 θ 角.

$$旋转矩阵为 T=\begin{pmatrix} \cos\theta & \sin\theta & 0 & 0 \\ -\sin\theta & \cos\theta & 0 & 0 \\ 0 & 0 & 1 & 0 \\ 0 & 0 & 0 & 1 \end{pmatrix}$$

变换结果为

$$(x \quad y \quad z \quad 1)T=(x\cos\theta-y\sin\theta \quad x\sin\theta+y\cos\theta \quad z \quad 1)=(x' \quad y' \quad z' \quad 1)$$

即 $x'=x\cos\theta-y\sin\theta$，$y'=x\sin\theta+y\cos\theta$，$z'=z$.

例如，将过原点及各坐标轴的单位立方体绕 z 轴旋转 $\frac{\pi}{3}$，即 $\theta=\frac{\pi}{3}$.

$$T=\begin{pmatrix} \frac{1}{2} & \frac{\sqrt{3}}{2} & 0 & 0 \\ -\frac{\sqrt{3}}{2} & \frac{1}{2} & 0 & 0 \\ 0 & 0 & 1 & 0 \\ 0 & 0 & 0 & 1 \end{pmatrix}，则$$

$$\begin{pmatrix} 0 & 0 & 0 & 1 \\ 0 & 0 & 1 & 1 \\ 0 & 1 & 0 & 1 \\ 0 & 1 & 1 & 1 \\ 1 & 0 & 0 & 1 \\ 1 & 0 & 1 & 1 \\ 1 & 1 & 0 & 1 \\ 1 & 1 & 1 & 1 \end{pmatrix} \begin{pmatrix} \frac{1}{2} & \frac{\sqrt{3}}{2} & 0 & 0 \\ -\frac{\sqrt{3}}{2} & \frac{1}{2} & 0 & 0 \\ 0 & 0 & 1 & 0 \\ 0 & 0 & 0 & 1 \end{pmatrix} = \begin{pmatrix} 0 & 0 & 0 & 1 \\ 0 & 0 & 1 & 1 \\ -\frac{\sqrt{3}}{2} & \frac{1}{2} & 0 & 1 \\ -\frac{\sqrt{3}}{2} & \frac{1}{2} & 1 & 1 \\ \frac{1}{2} & \frac{\sqrt{3}}{2} & 0 & 1 \\ \frac{1}{2} & \frac{\sqrt{3}}{2} & 1 & 1 \\ \frac{1-\sqrt{3}}{2} & \frac{1+\sqrt{3}}{2} & 0 & 1 \\ \frac{1-\sqrt{3}}{2} & \frac{1+\sqrt{3}}{2} & 1 & 1 \end{pmatrix}$$

变换结果见图 2-11，细线表示原图，粗线表示变换后的图.

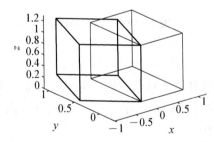

图 2-11　三维旋转变换（绕 z 轴旋转 $\frac{\pi}{3}$）

知识点链接：线性代数——矩阵乘法　线性变换

第3章 数字图像分析中的数学模型

本章讨论了图像分析的数学模型基础，内容包括图像的平滑分析、梯度计算及锐化、图像的增强、几何校正与特征分析；对静态图像的分割法——阈值法以及动态图像的分割法——背景差分、图像差分以及光流分割的原理进行了描述；还对人脸特征的简单分析方法进行了讨论，内容包括人脸的椭圆曲线、SNAKE 主动轮廓线模型以及人脸识别的辅助检测方法——肤色检测. 本章主要参考了文献 [4]、[6]、[7]、[8].

第一节　图像平滑分析的数学原理

实际获得的图像在形成、传输、接收和处理的过程中，不可避免地存在着外部干扰和内部干扰，如光电转换过程中敏感元件灵敏度的不均匀性、数字化过程中的量化噪声、传输过程中的误差以及人为因素等均会使图像质量变差，因此需要进行图像的平滑处理. 图像平滑的目的是消除噪声. 图像的平滑可以在空间域中进行，也可以在频率域中进行. 空间域常用的方法有邻域平均法、中值滤波法和多图像平均法等. 在频率域，因为噪声频谱多在高频段，因此可以采用各种形式的低通滤波方法进行平滑处理.

一、邻域平均法

对图像而言，通过单独对某个像素点的灰度值分析获得的信息是非常有限的，也是不可靠的. 这是因为，图像所包含的信息往往是通过多个像素点共同组成的. 反过来讲，在对图像进行处理时，为了保持或增强图像的信息，也应该考虑图像的邻域.

邻域运算的输出图像中每个像素是由对应的输入像素及其邻域内的像素共同决定的. 通常邻域是远小于图像尺寸的一个规则形状，比如一个点的邻域可以定义为以该点为中心的矩形的集合. 实际处理中，这样的邻域一般为 7×7，5×5，3×3 等.

邻域运算的主要作用是对图像进行空域滤波，比如平滑、中值滤波以及边缘检测等，此外，邻域运算还可以对结构图进行细化等.

若 S 为像素（x_0，y_0）的邻域集合（包含（x_0，y_0）），（x，y）表示 S 中的元素，$f(x, y)$ 表示（x，y）点的灰度值，$\alpha(x, y)$ 表示各点的权重，则对（x_0，y_0）进行平滑可表示为

$$f'(x_0, y_0) = \frac{1}{\sum\limits_{(x, y) \in S} \alpha(x, y)} \left[\sum_{(x, y) \in S} \alpha(x, y) f(x, y) \right] \tag{3.1}$$

一般而言，权重相对于中心都是对称的. 对于如下 3×3 的模板，其权重都是相等的

$$T = \frac{1}{5} \begin{bmatrix} 0 & 1 & 0 \\ 1 & 1 & 1 \\ 0 & 1 & 0 \end{bmatrix}$$

这个模板对应的函数表达式为

$$f'(x, y) = \frac{1}{5} \left[f(x, y-1) + f(x-1, y) + f(x, y) + f(x, y+1) + f(x+1, y+1) \right]$$

对于一些图像进行线性滤波可以去除图像中某些类型的噪声，如采用邻域平均法的均值滤波非常适用于去除通过扫描得到的图像中的颗粒噪声.

邻域平均法是空间域平滑噪声技术. 对于给定的图像 $f(i, j)$ 中的每个像点 (m, n)，取其邻域 S. 设 S 含有 M 个像素，取其平均值作为处理后所得图像像点（m，n）处的灰度. 用一像素邻域内各像素灰度的平均值来代替该像素原来的灰度，就是邻域平均技术.

例如，设 S 为 3×3 邻域，点（m，n）位于 S 的中心，则

$$\overline{f}(m, n) = \frac{1}{9} \left[\sum_{i=-1}^{1} \sum_{j=-1}^{1} f(m+i, n+j) \right]$$

假设噪声 n 是加性噪声，在空间各点不相关，且期望为 0，方差为 σ^2，g 是未受到污染的图像，含有噪声的图像 f 经过邻域平均后为

$$\overline{f}(m, n) = \frac{1}{M} \sum f(i, j) = \frac{1}{M} \sum g(i, j) + \frac{1}{M} \sum n(i, j)$$

由上式可知，经邻域平均后，噪声的均值不变，方差 $\sigma_a^2 = \frac{1}{M} \sigma^2$，即噪声方差变小，说明噪声强度减弱了，抑制了噪声.

由上式可看出，邻域平均法也平滑了图像信号，特别是可能使图像目标区域的边界变得模糊. 可以证明，对图像进行邻域平均处理相当于图像信号通过一低通滤波器.

二、中值滤波法

与加权平均法的平滑滤波不同，中值滤波用一个含有奇数点的滑动窗口，将邻域中的像素按灰度级排序，取其中间值为输出像素. 它的效果取决于两个要素：邻域空间的范围

和中值计算中涉及的像素数（当空间范围较大时，一般只用某个稀疏矩阵进行计算）. 中值滤波的数学描述为：若 S 为像素 (x_0, y_0) 的邻域集合（包含 (x_0, y_0)），(x, y) 表示 S 中的元素，$f(x, y)$ 表示 (x, y) 点的灰度值，$|S|$ 表示集合 S 中元素的个数，Sort 表示排序，则对 (x_0, y_0) 进行平滑可表示为

$$f'(x_0, y_0) = \left[\operatorname*{Sort}_{(x, y) \in S} f(x, y) \right]_{\frac{|S|+1}{2}} \tag{3.2}$$

也就是说，中值滤波是一种非线性平滑技术，它将每一个像素点的灰度值设置为该点的某邻域窗口内所有像素点灰度值的中值. 它先从图像的某个采样窗口取出奇数个数据进行排序，再用排序后的中值取代要处理的数据即可.

中值滤波法对消除颗粒噪声非常有效，在光学测量条纹图像的相位分析处理方法中有特殊作用，在条纹中心分析方法中作用不大. 中值滤波在图像处理中常常用于保护边缘信息，是经典的平滑噪声的方法.

三、多图像平均法

如果一幅图像含有加性噪声，这些噪声对于每个坐标点是不相关的，并且其平均值为零，在这种情况下就可能采用多图像平均法来达到去除噪声的目的.

多图像平均法是利用对同一景物的多幅图像取平均来消除噪声产生的高频部分，在图像采集中常用这种方法去除噪声.

假定对同一景物 $f(x, y)$ 摄取 M 幅图像 $g_i(x, y)(i=1, 2, \cdots, M)$，由于在获取时可能有随机的噪声存在，所以 $g_i(x, y)$ 可表示为

$$g_i(x, y) = f(x, y) + n_i(x, y)$$

式中，$n_i(x, y)$ 是叠加在每幅图像 $g_i(x, y)$ 上的随机噪声. 假设各点的噪声是不相关的，且均值为 0，则 $f(x, y)$ 为 $g(x, y)$ 的期望值. 如果对 M 幅图像作灰度平均，则平均后的图像为

$$\bar{g}(x, y) = \frac{1}{M} \sum_{i=1}^{M} g_i(x, y) \tag{3.3}$$

那么可以证明它们的数学期望为

$$E\{\bar{g}(x, y)\} = f(x, y)$$

均方差为

$$\sigma_{\bar{g}(x, y)}^2 = \frac{1}{M} \sigma_{n(x, y)}^2$$

上式表明对 M 幅图像平均可把噪声方差减少为原来的 $\frac{1}{M}$，当 M 增大时，$\bar{g}(x, y)$ 将更加接近于 $f(x, y)$. 多图像平均法常用在摄像机中，用以减少电视摄像机光导析像管的噪声，这时可对同一景物连续拍摄多幅图像并数字化，再对多幅图像平均，一般选用 8 幅图像取平均值. 这种方法的实际应用困难是难以把多幅图像配准起来，以便使相应的像素

能正确地对应排列.

知识点链接：线性代数——线性运算　矩阵表示　排序；概率论与数理统计——期
望　方差

第二节　图像的锐化处理方法

图像梯度计算是为了获取图像各点像素灰度跳变程度，从而获得图像的边缘信息. 图
像锐化是为了增强图像的边缘及灰度跳变部分. 与图像平滑化处理一样，图像锐化处理同
样也有空域和频域两种处理方法.

一、图像的梯度计算

对于数字图像处理，有两种二维离散梯度的计算方法：一种是典型梯度算法，另一种
为 Roberts 梯度差分算法。

（一）典型梯度算法

该算法把微分近似用差分代替.

沿着 x，y 方向的一阶差分可写成

$$\begin{cases} G_x = \Delta_x f(i, j) = f(i+1, j) - f(i, j) \\ G_y = \Delta_y f(i, j) = f(i, j+1) - f(i, j) \end{cases}$$

由此得到典型梯度算法为

$$|G[f(i, j)]| \approx |G_x| + |G_y| = |f(i+1, j) - f(i, j)| + |f(i, j+1) - f(i, j)| \tag{3.4}$$

或者

$$|G[f(i, j)]| \approx \max\{|G_x|, |G_y|\} = \max\{|f(i+1, j) - f(i, j)|, |f(i, j+1) - f(i, j)|\}$$

（二）Roberts 梯度算法

该算法采用交叉差分表示为

$$\begin{cases} G_x = f(i+1, j+1) - f(i, j) \\ G_y = f(i, j+1) - f(i+1, j) \end{cases}$$

可得 Roberts 梯度为

$$\begin{aligned} |G[f(i, j)]| &= \nabla f(i, j) \\ &\approx |f(i+1, j+1) - f(i, j)| + |f(i, j+1) - f(i+1, j)| \end{aligned} \tag{3.5}$$

或者

$$|G[f(i, j)]| = \nabla f(i, j) \approx \max\{|f(i+1, j+1) - f(i, j)|, |f(i, j+1) - f(i+1, j)|\}$$

值得注意的是对于 $M \times N$ 的图像，处在最后一行或最后一列的像素是无法直接求得梯度的，对于这个区域的像素来说，一种处理方法是：当 $x = M$ 或 $y = N$ 时，用前一行或前一列的各点梯度值代替.

从梯度公式中可以看出，其值与相邻像素的灰度差值成正比. 在图像轮廓上，像素的灰度有陡然的变化，梯度值很大；在图像灰度变化相对平缓的区域梯度值较小；而在等灰度区域，梯度值为零. 由此可见，图像经过梯度运算后，留下灰度值急剧变化的边沿处的点，这就是图像经过梯度运算后可使其细节清晰从而达到锐化目的的实质.

在实际应用中，常利用卷积运算来近似梯度，这时 G_x，G_y 是各自使用的一个模板（算子）. 对模板的基本要求是：模板中心的系数为正，其余相邻系数为负，且所有系数之和为零. 例如，上述的 Roberts 算子，其 G_x，G_y 模板如下：

$$G_x = \begin{pmatrix} 1 & 0 \\ 0 & -1 \end{pmatrix}, \quad G_y = \begin{pmatrix} 0 & 1 \\ -1 & 0 \end{pmatrix}.$$

二、图像的锐化算子

在图像识别中，需要有边缘鲜明的图像，即图像的锐化. 图像锐化的目的是突出图像的边缘信息，加强图像的轮廓特征，以便于人眼的观察和机器的识别. 然而边缘模糊是图像中常出现的质量问题，由此造成的轮廓不清晰、线条不鲜明使图像特征提取、识别和理解难以进行. 增强图像边缘和线条，使图像边缘变得清晰的处理称为图像锐化.

图像锐化从图像增强的目的看，是与图像平滑相反的一类处理. 图像经梯度运算后使得细节清晰，从而达到锐化的效果.

利用梯度和差分原理组成的锐化算子还有如下几种.

（一）Sobel 算子

以待增强图像的任意像素 (i, j) 为中心，取 3×3 像素窗口，分别计算窗口中心像素在 x 和 y 方向的梯度：

$$S_x = [f(i-1, j-1) + 2f(i, j-1) + f(i+1, j-1)]$$
$$\quad - [f(i-1, j+1) + 2f(i, j+1) + f(i+1, j+1)]$$
$$S_y = [f(i+1, j-1) + 2f(i+1, j) + f(i+1, j+1)]$$
$$\quad - [f(i-1, j-1) + 2f(i-1, j) + f(i-1, j+1)]$$

增强后的图像在 (i, j) 处的灰度值为 $f'(i, j) = \sqrt{S_x^2 + S_y^2}$.

用模板表示为

$$S_x = \begin{pmatrix} 1 & 0 & -1 \\ 2 & 0 & -2 \\ 1 & 0 & -1 \end{pmatrix}, \quad S_y = \begin{pmatrix} -1 & -2 & -1 \\ 0 & 0 & 0 \\ 1 & 2 & 1 \end{pmatrix} \qquad (3.6)$$

（二）Prewitt 算子

$$f'(i, j) = \sqrt{S_x^2 + S_y^2}$$

用模板表示为

$$S_x = \begin{pmatrix} 1 & 0 & -1 \\ 1 & 0 & -1 \\ 1 & 0 & -1 \end{pmatrix}, \quad S_y = \begin{pmatrix} -1 & -1 & -1 \\ 0 & 0 & 0 \\ 1 & 1 & 1 \end{pmatrix} \tag{3.7}$$

（三）Isotropic 算子

$$f'(i, j) = \sqrt{S_x^2 + S_y^2}$$

用模板表示为

$$S_x = \begin{pmatrix} 1 & 0 & -1 \\ \sqrt{2} & 0 & -\sqrt{2} \\ 1 & 0 & -1 \end{pmatrix}, \quad S_y = \begin{pmatrix} -1 & -\sqrt{2} & -1 \\ 0 & 0 & 0 \\ 1 & \sqrt{2} & 1 \end{pmatrix} \tag{3.8}$$

三、边缘增强的拉普拉斯算子

拉普拉斯算子比较适用于改善因为光线的漫反射造成的图像模糊. 拉普拉斯算子是常用的边缘增强处理算子，它是各向同性的二阶导数. 一个连续的二元函数 $f(x, y)$ 在位置（x, y）处的拉普拉斯运算定义为

$$\nabla^2 f(x, y) = \frac{\partial^2 f}{\partial x^2} + \frac{\partial^2 f}{\partial y^2}$$

式中，$\nabla^2 f(x, y)$ 称为拉普拉斯算子. 对数字图像，参照梯度的差分算法，可写出

$$\nabla^2 f(x, y) = \frac{\partial^2 f}{\partial x^2} + \frac{\partial^2 f}{\partial y^2}$$
$$= f(i+1, j) + f(i-1, j) + f(i, j+1) + f(i, j-1) - 4f(i, j) \tag{3.9}$$

对于上式，可以由拉普拉斯算子模板来表示 $H_1 = \begin{pmatrix} 0 & 1 & 0 \\ 1 & -4 & 1 \\ 0 & 1 & 0 \end{pmatrix}$，$H_1$ 表示离散拉普拉斯算子的模板.

另外，拉普拉斯算子还可以表示成其他模板，如 H_2 表示其扩展模板，H_3，H_4，H_5 则分别表示其他拉普拉斯算子的实现模板.

$$H_2 = \begin{pmatrix} 1 & 1 & 1 \\ 1 & -8 & 1 \\ 1 & 1 & 1 \end{pmatrix}, \quad H_3 = \begin{pmatrix} 0 & -1 & 0 \\ -1 & 4 & -1 \\ 0 & -1 & 0 \end{pmatrix}$$

$$H_4 = \begin{pmatrix} -1 & -1 & -1 \\ -1 & 9 & -1 \\ -1 & -1 & -1 \end{pmatrix}, \quad H_5 = \begin{pmatrix} 1 & -2 & 1 \\ -2 & 5 & -2 \\ 1 & -2 & 1 \end{pmatrix}$$

从模板形式容易看出，如果在图像的一个较暗的区域中出现了一个亮点，用拉普拉斯运算就会使这个亮点变得更亮. 因为图像中的边缘就是那些灰度发生跳变的区域，所以拉普拉斯锐化模板在边缘检测中很有用. 一般增强技术很难确定陡峭的边缘和缓慢变化的边

缘的边缘线的位置，但此算子却可用二阶微分正峰和负峰之间的过零点来确定，对孤立点或端点更为敏感，因此特别适用于以突出图像中的孤立点、孤立线或线端点为目的的场合．同梯度算子一样，拉普拉斯算子也会增强图像中的噪声，有时用拉普拉斯算子进行边缘检测时，可将图像先进行平滑处理．

知识点链接：高等数学——梯度　差分；线性代数——矩阵表示

第三节　图像的几何校正与特征分析

一、图像的几何校正

图像在获取或显示的过程中往往会产生几何失真（或称几何畸变），产生这种现象的主要原因有：成像系统本身具有的非线性，摄像时视角的变化，被拍摄对象表面弯曲等．几何校正的目的是纠正这些系统及非系统因素引起的图像变形．

几何校正的主要方法是采用多项式法，机理是通过若干控制点，建立不同图像间的多项式控件变换和像元插值运算，实现图像配准，达到消减及消除几何畸变的目的．

几何校正分两步：第一步是对原图像的像素坐标空间进行几何变换，以使像素落在正确的位置上；第二步是重新确定新像素的灰度值．因为经过上面的坐标变换后，有些像素点有时被挤压在一起，有时又被分散开，使校正后的像素不落在离散的坐标点上，因此需要重新确定这些像素点的灰度值．

任意几何畸变都可以由非失真坐标系 (x, y) 变换到失真坐标系 (x', y') 的方程来定义：

$$\begin{cases} x' = h_1(x, y) \\ y' = h_2(x, y) \end{cases}$$

设 $f(x, y)$ 是失真的原始图像，$g(x', y')$ 是 $f(x, y)$ 畸变的结果，这一失真的过程是已知的，并且可用函数 $h_1(x, y)$ 和 $h_2(x, y)$ 来定义，于是有

$$\begin{cases} g(x', y') = f(x, y) \\ x' = h_1(x, y) \\ y' = h_2(x, y) \end{cases} \tag{3.10}$$

这是几何校正的基本关系式，这种失真的复原问题实际上是映射变换问题．

从几何校正的基本关系可见，已知畸变图像 $g(x', y')$ 的情况下求原始图像 $f(x, y)$ 的关键是求得函数 $h_1(x, y)$ 和 $h_2(x, y)$．如果由先验知识知道了 $h_1(x, y)$ 和 $h_2(x, y)$，则 $f(x, y)$ 的求取就较为简单了．但实际中 $h_1(x, y)$ 和 $h_2(x, y)$ 往往不知道，这时我们可以采用后验校正方法．

通常 $h_1(x, y)$ 和 $h_2(x, y)$ 可用多项式来近似

$$x' = \sum_{i=0}^{N} \sum_{j=0}^{N-i} a_{ij} x^i y^j \qquad (3.11)$$

$$y' = \sum_{i=0}^{N} \sum_{j=0}^{N-i} b_{ij} x^i y^j \qquad (3.12)$$

式中，N 为多项式的次数，a_{ij} 和 b_{ij} 为各项待定系数.

后验校正方法的思想是通过一些已知的正确像素点和畸变点间的对应关系，拟合出式 (3.11) 和式 (3.12) 中多项式的系数，拟合出的多项式作为恢复其他畸变点的变换基础. 例如，一个基准图通过成像系统后形成畸变图像，通过研究基准图与畸变图之间点的对应关系，找出多项式的各系数.

当 $N=1$ 时，变换是线性的

$$\begin{cases} x' = ax + by + c \\ y' = dx + ey + f \end{cases}$$

通常也可用这种线性畸变来近似较小的几何畸变.

可由基准图找出三个点 (x_1, y_1)，(x_2, y_2)，(x_3, y_3)，与畸变图上三个点 (x_1', y_1')，(x_2', y_2')，(x_3', y_3') 一一对应，将对应点的坐标代入上式，并写成矩阵形式：

$$\begin{cases} x_1' = a_0 + a_1 x_1 + a_2 y_1 \\ x_2' = a_0 + a_1 x_2 + a_2 y_2 \\ x_3' = a_0 + a_1 x_3 + a_2 y_3 \end{cases}, \quad \begin{pmatrix} x_1' \\ x_2' \\ x_3' \end{pmatrix} = \begin{pmatrix} 1 & x_1 & y_1 \\ 1 & x_2 & y_2 \\ 1 & x_3 & y_3 \end{pmatrix} \begin{pmatrix} a_0 \\ a_1 \\ a_2 \end{pmatrix}$$

$$\begin{cases} y_1' = b_0 + b_1 x_1 + b_2 y_1 \\ y_2' = b_0 + b_1 x_2 + b_2 y_2 \\ y_3' = b_0 + b_1 x_3 + b_2 y_3 \end{cases}, \quad \begin{pmatrix} y_1' \\ y_2' \\ y_3' \end{pmatrix} = \begin{pmatrix} 1 & x_1 & y_1 \\ 1 & x_2 & y_2 \\ 1 & x_3 & y_3 \end{pmatrix} \begin{pmatrix} b_0 \\ b_1 \\ b_2 \end{pmatrix}$$

可用联立方程或矩阵求逆，解出 a_0，a_1，a_2 和 b_0，b_1，b_2 六个系数. 这样 $h_1(x, y)$ 和 $h_2(x, y)$ 可确定，然后利用 $h_1(x, y)$ 和 $h_2(x, y)$ 的变换复原此三点连线所包围的三角形区域内各点的像素. 由此每三个点一组重复进行，即可实现全部图像的几何校正.

要想更精确一些，可用二次型畸变来近似，有多达 12 个参数，且矩阵运算不一定有解或有多组解，或者不是全局的最优解等，这时就要采用最小二乘法来解决这个问题，关于二次型畸变的具体表达式，这里不再给出.

二、图像的颜色直方图

颜色直方图是在许多图像检索系统中被广泛采用的颜色特征分析. 它所描述的是不同颜色在整幅图像中所占的比例，而并不关心每种颜色所处的空间位置，即无法描述图像中的对象或物体. 颜色直方图特别适于描述那些难以进行自动分割的图像.

设 $s(x_i)$ 为图像 P 中某一特征值 x_i 的像素的个数，$N = \sum_j s(x_i)$ 为 P 中的总像素数，对 $s(x_i)$ 做归一化处理，即

$$h(x_i) = \frac{s(x_i)}{N} = \frac{s(x_i)}{\sum_j s(x_j)}$$

图像 P 的一般特征直方图为

$$H(P) = [h(x_1), h(x_2), \cdots, h(x_n)] \tag{3.13}$$

式中，n 为某一特征值的个数.

事实上，直方图就是某一特征的概率分布. 对于灰度图像，直方图就是灰度的概率分布.

直方图中的数值都是统计出来的，描述了该图像中关于颜色的数量特征，可以反映颜色直方图中颜色的统计分布和基本色调. 直方图只包含了该图像中某一颜色值出现的频数，而丢失了某像素所在的空间位置信息. 任一幅图像都能唯一地给出一幅与它对应的直方图，但不同的图像可能有相同的颜色分布，从而就具有相同的直方图，因此直方图与图像是一对多的关系. 如果将图像划分为若干个子区域，所有子区域的直方图之和就等于全图直方图. 一般情况下，由于图像上的背景和前景的颜色分布明显不同，因此在直方图上会出现双峰特性，但背景和前景的颜色较为接近的图像不具有这个特性.

当图像中的特征并不能取遍所有可取值时，统计直方图中会出现一些零值. 这些零值的出现会对相似性的度量带来影响，从而使得相似性的度量并不能正确反映图像之间的颜色差别. 为了解决这个问题，在全局直方图的基础上，提出了"累积颜色直方图"的概念. 在累积直方图中，相邻颜色在频数上是相关的. 与一般直方图相比，虽然累积直方图的存储量和计算量有很小的增加，但是累积直方图消除了一般直方图中常见的零值，也克服了一般直方图量化过细或过粗时检索效果都会下降的缺陷.

假设图像 P 的某一特征的一般直方图为 $H(P) = [h(x_1), h(x_2), \cdots, h(x_n)]$. 令

$$\lambda(x_i) = \sum_{j=1}^{i} h(x_j)$$

该特征的累积直方图为

$$\lambda(P) = [\lambda(x_1), \lambda(x_2), \cdots, \lambda(x_n)]. \tag{3.14}$$

> **知识点链接**：线性代数——线性运算　矩阵运算与表示；概率论与数理统计——概率分布

第四节　图像分割的基本方法

图像分割是指将一幅图像分解为若干互不重叠的、有意义的、具有相同性质的区域. 这是图像识别和理解的基本前提，分割质量的好坏直接影响到后续图像处理的效果.

一、阈值法

设图像 $f(x, y)$ 的灰度范围为 (c, d)，根据一定的经验及知识确定一个灰度的门限，或者根据一定的准则确定 (c, d) 的一个划分，使得目标点与背景点区分开来，这就

是灰度阈值法.

如果目标区域在背景区域的内部,虽然其像素间的灰度都基本一致,但仍可以根据目标区域和背景区域的的灰度差异,直接设定灰度阈值进行分割. 例如含有细胞的医学图像. 细胞的灰度通常比背景低很多,这时可以根据某种准则求出一个阈值,当像素的灰度值低于阈值时,判断像素属于目标,即可将细胞提取出来.

在有些情况下,如果对图像做一些必要的预处理然后运用阈值法,可以有效地实现图像分割. 例如,图像只有黑、白两个灰度,但白色像素在目标区域中出现的概率比在背景区域中出现的概率大,即目标区域的平均灰度高于背景区域,可以先对图像进行邻域平均运算,再对新图运用阈值法进行运算.

基于阈值的分割方法是图像分割中简单有效的常用方法,也就是利用图像的灰度信息得到分割的阈值.

这里介绍如何利用统计判决方法确定阈值,即利用最小误判概率准则确定分割的阈值.

设图像中含有目标和背景,目标点出现的概率为 λ,其灰度的概率密度函数为 $p(x)$,背景点的灰度的概率密度函数为 $q(x)$. 由概率理论,这幅图像的灰度的概率密度函数为

$$f(x)=\lambda p(x)+(1-\lambda)q(x)$$

假设灰度阈值为 t,将灰度小于 t 的像素点作为背景点,灰度大于 t 的像素点作为目标点,于是将目标点误判为背景点的概率为

$$\varepsilon_{12}=\int_{-\infty}^{t}p(x)\mathrm{d}x$$

将背景点误判为目标点的概率为

$$\varepsilon_{21}=\int_{t}^{\infty}q(x)\mathrm{d}x$$

按照总误判概率最小原则,选择阈值 t 要使得下式最小

$$\varepsilon=\lambda\varepsilon_{12}+(1-\lambda)\varepsilon_{21}$$

根据函数求极值的方法,对 t 求导并令结果为零,有

$$\lambda p(t)-(1-\lambda)q(t)=0$$

这就是典型的统计判决方法.

阈值法虽然简单有效,但如果光照不均匀,就可能导致图像变化,如图 3-1 所示的水下摄像机图像,背景灰度以及目标灰度变化较大,以致很难找到一个十分理想的灰度阈值将其确切分割. 由于原图自身灰度比较复杂,因此阈值分割容易混淆目标区域与背景区域,图 3-1 左下角和右下角等区域就被误判成了目标,背景被计算为目标,显然目标被误判增大了,这样就干扰了下一步计算目标的量. 为解决这类问题,人们提出了多阈值法,或者通过图像的边缘检测进行分割.

原图

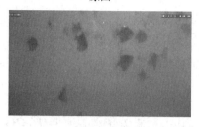

边界图

图 3-1　基于阈值法的背景区域与目标区域分割

二、运动分割法

静态图像是空间位置的函数,它与时间变化无关,单幅静止图像无法描述物体的运动. 运动目标分割的研究对象一般是图像序列,也就是按不同时刻采集的多帧图像,一般可表示为 $f(x, y, t)$.

(一)背景差值法

假定图像背景不变,设为 $b(x, y)$,定义灰度序列为 $f(x, y, t)$,t 为图像帧数. 将每一帧图像的灰度值减去背景的灰度值可得第 i($i=1, 2, \cdots, t$)帧的差值图像

$$d(x, y, i) = f(x, y, i) - b(x, y)$$

通过设置阈值 T 可以得到二值化差值图像

$$e(x, y, i) = \begin{cases} 1, & |d(x, y, i)| \geqslant T \\ 0, & |d(x, y, i)| < T \end{cases} \tag{3.15}$$

取值 1 和 0 的像素分别对应于运动的目标区域和背景区域. 阈值 T 的选取恰当与否直接影响二值化差值图像的质量. 阈值太高,运动的目标区域可能会产生碎化现象;阈值太低,又容易引起噪声.

(二)图像差值法

当图像背景不是静止的时,就无法用背景差值法检测和分割运动目标,此时,检测图像序列相邻两帧之间变化的另外一种简单方法是直接比较两帧图像对应像素点的灰度值. 此时,帧 $f(x, y, i)$ 与 $f(x, y, j)$ 之间的变化用如下二值化差值图像表示:

$$h(x, y, i, j) = \begin{cases} 1, & |f(x, y, i) - f(x, y, j)| \geqslant T \\ 0, & \text{其他} \end{cases} \tag{3.16}$$

其中 T 为阈值.

在差值图像中，取值为 1 的像素点代表变化区域. 一般地，变化区域对应运动目标，当然它也可能是噪声或光照变换引起的. 阈值同样十分重要，对于缓慢运动的物体和缓慢光强变化引起的图像变化，在某些阈值下可能检测不到. 图像差值法要求图像帧与帧之间配准要好，否则，容易产生较大误差.

（三）光流的约束方程

在图像分割过程中有一种基于光流的分割法，下面介绍光流约束方程.

设图像点 (x, y) 在 t 时刻的灰度为 $I(x, y, t)$，该点光流的 x, y 分量分别为 $u(x, y)$，$v(x, y)$，假设图像在 $t+\Delta t$ 时运动到 $(x+\Delta x, y+\Delta y)$，其中，$\Delta x = u\Delta t$，$\Delta y = v\Delta t$.

灰度守恒假设是指运动前后像素点的灰度值保持不变，可用下式表达：

$$I(x+\Delta x, y+\Delta y, t+\Delta t) = I(x, y, t)$$

如果亮度随 x, y, t 光滑变化，则可以将上式左端用泰勒级数展开并略去二阶以及二阶以上高阶无穷小的项，得到

$$I(x, y, t) + \Delta x \frac{\partial I}{\partial x} + \Delta y \frac{\partial I}{\partial y} + \Delta t \frac{\partial I}{\partial t} = I(x, y, t)$$

上式两端同时除以 Δt，并令 $\Delta t \to 0$，得到

$$\frac{\partial I}{\partial x}\frac{dx}{dt} + \frac{\partial I}{\partial y}\frac{dy}{dt} + \frac{\partial I}{\partial t} = 0, \quad 即 \frac{d(I(x, y, t))}{dt} = 0$$

令　　　$u = \dfrac{dx}{dt}$，$v = \dfrac{dy}{dt}$，$I_x = \dfrac{\partial I}{\partial x}$，$I_y = \dfrac{\partial I}{\partial y}$，$I_t = \dfrac{\partial I}{\partial t}$，

可得　　$I_x u + I_y v + I_t = 0.$ 　　　　　　　　　　　　　　　　　　(3.17)

这就是光流约束方程. 方程中 I_x，I_y，I_t 可以直接从图像中计算出来. 但是图像的每一点上有两个位置数 u，v，只有一个方程时不能确定光流，要唯一确定 u，v，需要添加其他约束.

基于光流的运动图像分割是根据光流的不连续性来分割图像. 不同的光流区域对应着不同的运动目标. 先估计运动图像稠密光流，然后将相似的光流矢量合并，形成不同的块对应不同的运动物体.

> **知识点链接：** 高等数学——泰勒级数　微分方程；概率论与数理统计——概率密度函数

第五节　人脸特征的简单分析方法

一、人脸的椭圆曲线描述

若把人脸近似地看作具有一定形变的椭圆，可将人脸的基本形状用椭圆曲线 C^* 描述为

$$\frac{(x-x_0)^2}{s^2}+\frac{(y-y_0)^2}{(\rho s)^2}=1 \tag{3.18}$$

其中 (x_0,y_0) 为椭圆中心，ρ 为椭圆的纵横比，一般在 $0.8\sim1.5$. 考虑到图像中人脸的大小和位置未知，引入尺度因子 μ 和位移矩阵 T，这样人脸的形状曲线族为 $C=\mu C^* +T$.

当然，用这样的设定描述千差万别的人脸的差异性还是不能令人信服，可是当它和其他图像工具函数一起工作时，还是能够发挥一定威力的.

二、SNAKE 主动轮廓线模型

SNAKE 模型又称主动轮廓线模型，即能量最小化运动曲线模型. 其基本思想是：给出初始控制点连接而成的初始轮廓线，这条曲线在内力与外力的作用下，主动向目标附近的轮廓线靠近，通过求解能量函数的极小化，获得图像的边界，完成图像的分割.

其中变形轮廓曲线是 $C(s)=(x(s)\quad y(s))$，$s\in[0,1]$ 为曲线参数，它通过最小化如下能量函数来达到锁定图像边界的目的.

其能量函数为

$$E_{snake}=\int(\frac{1}{2}\alpha|C'(s)|^2+\frac{1}{2}\beta|C''(s)|^2+E_{ext}(C(s)))\mathrm{d}s \tag{3.19}$$

式中第一项为曲线 $C(s)$ 的一阶导数的模的函数，称为弹性能量，α 称为曲线的弹性参数；式中第二项为曲线 $C(s)$ 的二阶导数的模的函数，称为刚度能量，β 称为刚度参数. 前两项的和称为内部能量，主要作用是控制曲线的弹性形变.

式中第三项通常称为外部能量项，作用是将曲线吸引到图像特征的附近. 用于图像边缘提取的典型外部能量一般定义为

$$E_{ext}=-|\nabla I(x,y)|^2$$

其中 $I(x,y)$ 为图像函数，∇ 为梯度算子，可以用前面提到的图像梯度进行计算.

适当地选取 α，β 可使能量函数极小化. 在能量函数极小化的过程中，弹性能量迅速把轮廓线压缩成一个光滑的圆，刚度能量（或弯曲能量）驱使轮廓线成为光滑曲线或直线，而外部能量则使轮廓线向图像的高梯度位置靠拢. 这些高梯度位置正是图像的边界（或者称为特征曲线）.

这里，以灰度图为例，把函数 $I(x,y)$ 理解为位置 (x,y) 上的灰度值（函数值），这是二元函数，$C(s)$ 是图像所在区域上的参数曲线. 所用到的函数是一般的曲线积分，只是被积函数的设置上具有一定的目的性. 要求解这个问题，可以通过变分法解决，这里不再赘述.

三、人脸识别的辅助检测方法——肤色检测

在彩色空间中，皮肤颜色的分布较为集中，与其他景物的颜色间有较好的可区分性，可以用模型描述或对样本进行学习加以判别. 图像中皮肤颜色的差异主要由光照引起，在检测中只考虑色度信息，就可以减少光照的影响，使得肤色的分布更集中. 通过检测皮肤区域，可以缩小人脸的搜索范围，提高检测速度.

下面利用 $YCbCr$ 色彩空间的色差分量 Cb 和 Cr 进行皮肤区域的检测. $YCbCr$ 空间是一种常见的色彩模型, $YCbCr$ 空间可将色度和亮度分开, 空间内色度的分布更紧密.

下面为 RGB 空间到 $YCbCr$ 空间的变换公式, Y 为亮度分量, Cb 和 Cr 为色差分量, 包含了色度信息,

$$
\begin{pmatrix} Y \\ Cb \\ Cr \end{pmatrix} = \begin{pmatrix} \dfrac{77}{256} & \dfrac{150}{256} & \dfrac{29}{256} \\ -\dfrac{44}{256} & -\dfrac{87}{256} & \dfrac{131}{256} \\ \dfrac{131}{256} & -\dfrac{110}{256} & -\dfrac{21}{256} \end{pmatrix} \begin{pmatrix} R \\ G \\ B \end{pmatrix} + \begin{pmatrix} 0 \\ 128 \\ 128 \end{pmatrix} \tag{3.20}
$$

在进行统计学习时, 将选取的皮肤和非皮肤颜色样本从 RGB 空间变换到 $YCbCr$ 空间, 并取色差分量 Cb 和 Cr 构成一个二维向量 $(Cb \quad Cr)^{\mathrm{T}}$ 作为训练样本. 根据经验, 如果判定为肤色样本, 就标记为 1, 如果判定为非肤色样本, 就标记为 -1. 被判断为肤色的样本可以继续根据人脸识别方法进行识别. 这是肤色检测的关键步骤, 能为下一步人脸识别提供辅助性的判断.

当然, 完整的肤色检测还需先对图像进行预处理, 尽量消除噪声和光照带来的影响, 然后可利用上述方法进行肤色分割, 之后进行连通域分析, 进行人脸定位.

知识点链接: 高等数学——曲线积分　函数的极小值计算　梯度函数

第4章 控制与信号处理中的数学模型

本章讨论了离散时间系统的状态空间，离散时间系统的能控性与能观性；分析了线性定常系统的时域响应与稳定性；讨论了线性系统中有重要作用的卷积定义；分析了离散卷积的矩阵表示，以及卷积的平滑作用. 作为信号分析的实例，讨论了主动声呐信号中主要的信号描述函数——时间函数、频谱函数以及模糊函数，分析了信号的多普勒频移以及信号模糊函数的作用，并针对声呐接收机接收信号时的概率以及假设检验思想进行了分析.本章主要参考了文献 [9]、[10]、[11]、[12].

第一节 离散状态空间的数学原理

一、离散时间系统的状态空间

现代控制理论引入了状态和状态空间的概念，采用状态空间模型描述系统的特点是给出了系统内部的动态结构，揭示了系统的内部特征.

离散化状态空间的一般表达式为

$$\begin{cases} x(k+1)=Fx(k)+Gu(k) \\ y(k)=Cx(k) \end{cases} \tag{4.1}$$

式中，$x(k)$ 为 $n\times 1$ 维状态向量，$u(k)$ 为 $m\times 1$ 维控制向量，$y(k)$ 为 $r\times 1$ 维输出向量，F 为 $n\times n$ 阶状态转移矩阵，G 为 $n\times m$ 阶输入矩阵，C 为 $r\times n$ 阶输出矩阵.

状态转移矩阵是分析系统离散状态方程的关键.

二、离散时间系统的能控性

能控性和能观性可以说是系统内部结构特征的两个最基本的概念. 能控性反映了控制

输入对系统状态的约束能力，能观性反映了输出对系统状态的判断能力．这两个概念是控制系统分析与设计的重要理论基础．

系统控制的主要目的是驱动系统从某一状态到达指定状态，但这不是任何系统都能完成的．如果系统不能控，就不可能通过选择控制作用，使系统状态从初始状态到达指定状态．

能控性的定义：对于式（4.1）描述的系统，如果存在有限个控制信号 $u(0)$，$u(1)$，$\cdots$，$u(N-1)$，能使系统从任意初始状态 $x(0)$ 转移到终止状态 $x(N)$，则系统是状态完全能控的．

通过解析式（4.1）有

$$x(N)=Fx(N-1)+Gu(N-1)$$
$$x(N-1)=Fx(N-2)+Gu(N-2)$$
$$\cdots\cdots$$
$$x(3)=Fx(2)+Gu(2)$$
$$x(2)=Fx(1)+Gu(1)$$
$$x(1)=Fx(0)+Gu(0)$$

从最后一个式子出发依次代入其上面的式子并整理得 $x(N)-F^N x(0)=F^{N-1}Gu(0)+F^{N-2}Gu(1)+\cdots+FGu(N-2)+Gu(N-1)$，写成矩阵形式为

$$x(N)-F^N x(0)=(F^{N-1}G \quad F^{N-2}G \quad \cdots \quad G)\begin{pmatrix} u(0) \\ u(1) \\ \vdots \\ u(N-1) \end{pmatrix}$$

设第 N 步能使初始状态 $x(0)$ 转移到零状态，于是可得 $u(0)$，$u(1)$，$\cdots$，$u(N-1)$ 有解的充分必要条件：

$$\text{rank}(G \quad FG \quad \cdots \quad F^{N-1}G)=\text{rank}(G \quad FG \quad \cdots \quad F^{N-1}G \quad F^N x(0))$$

式中，rank 表示矩阵的秩．

考虑到系统的初始状态 $x(0)$ 属于 n 维状态空间中的任意一个状态，故系统的完全能控判据为

$$\text{rank}(G \quad FG \quad \cdots \quad F^{N-1}G)=\text{rank}(G \quad FG \quad \cdots \quad F^{N-1}G \quad F^N) \tag{4.2}$$

例 4.1 判断如下系统的状态能控性．

$$x(k+1)=\begin{pmatrix} 0 & 1 \\ 0 & 0 \end{pmatrix}x(k)+\begin{pmatrix} 1 \\ 0 \end{pmatrix}u(k)$$

解：由题意 $F=\begin{pmatrix} 0 & 1 \\ 0 & 0 \end{pmatrix}$，$G=\begin{pmatrix} 1 \\ 0 \end{pmatrix}$．

由于 $\text{rank}(G \quad F \quad G)=\text{rank}\begin{pmatrix} 1 & 0 \\ 0 & 0 \end{pmatrix}=1$，而 $\text{rank}(G \quad F \quad GF^2)=\text{rank}\begin{pmatrix} 1 & 0 & 0 & 0 \\ 0 & 0 & 0 & 0 \end{pmatrix}=1$，

由式（4.2）知

$$\text{rank}(G \quad FG) = \text{rank}(G \quad FG \quad F^2)$$

故该系统状态是完全能控的.

例 4.2　判断如下系统的状态能控性.

$$x(k+1) = \begin{pmatrix} 1 & 0 & 1 \\ 0 & 2 & 0 \\ -2 & 3 & -2 \end{pmatrix} x(k) + \begin{pmatrix} 1 \\ 2 \\ 1 \end{pmatrix} u(k)$$

解：由题意 $F = \begin{pmatrix} 1 & 0 & 1 \\ 0 & 2 & 0 \\ -2 & 3 & -2 \end{pmatrix}$，$G = \begin{pmatrix} 1 \\ 2 \\ 1 \end{pmatrix}$.

由于 $\text{rank}(G \quad FG \quad F^2 G) = \text{rank} \begin{pmatrix} 1 & 2 & 4 \\ 2 & 4 & 8 \\ 1 & 2 & 4 \end{pmatrix} = 1$，而

$$\text{rank}(G \quad FG \quad F^2 G \quad F^3) = \text{rank} \begin{pmatrix} 1 & 2 & 4 & 1 & 3 & 1 \\ 2 & 4 & 8 & 0 & 8 & 0 \\ 1 & 2 & 4 & -2 & 6 & -2 \end{pmatrix} = 2$$

即 $\text{rank}(G \quad FG \quad F^2 G) \neq \text{rank}(G \quad FG \quad F^2 G \quad F^3)$，故该系统状态不完全能控.

能控性反映了系统的状态向量 $x(k)$ 从初始状态转移到期望状态的可能性. 同样，能否由输出向量 $y(k)$ 转移到期望的数值也是一个重要问题，根据输出向量和状态向量之间的关系 $y(k) = Cx(k)$，

$$y(N) = Cx(N) = CF^N x(0) + (CF^{N-1}G, \ CF^{N-2}G, \ \cdots, \ CG) \begin{pmatrix} u(0) \\ u(1) \\ \vdots \\ u(N-1) \end{pmatrix}$$

因此，由线性方程组解的判定定理知，输出的能控性条件为

$$\text{rank}(CG \quad CFG \quad \cdots \quad CF^{N-1}G) = r$$

r 为输出向量的维数.

三、离散时间系统的能观性

状态空间设计法主要是用状态反馈构成控制规律，但并不是任何系统都能从它的测量输出中获得系统状态的信息. 如果输出 $y(k)$ 不反映状态信息，那么这样的系统被称为不能观的.

能观性的定义：对于式（4.1）描述的系统，如果能根据有限个采样信号 $y(0)$，$y(1)$，$\cdots$，$y(N)$ 确定系统的初始状态 $x(0)$，则系统是状态完全能观的. 由 $y(k) = Cx(k)$ 及 $x(N) -$

$F^N x(0) = F^{N-1} Gu(0) + F^{N-2} Gu(1) + \cdots + FGu(N-2) + Gu(N-1)$，若将控制信号 $u(0)$，$u(1)$，$\cdots$，$u(N-1)$ 设为零，则有

$$y(0) = Cx(0)$$
$$y(1) = Cx(1) = CFx(0)$$
$$\cdots\cdots$$
$$y(N-1) = Cx(N-1) = CF^{N-1}x(0)$$

写成矩阵形式，有

$$\begin{bmatrix} y(0) \\ y(1) \\ \vdots \\ y(N-1) \end{bmatrix} = \begin{bmatrix} C \\ CF \\ \vdots \\ CF^{N-1} \end{bmatrix} x(0)$$

由线性方程组解的存在定理可知，上式方程 $x(0)$ 有唯一解的充分必要条件，也就是系统完全能观的判据为

$$\text{rank} \begin{bmatrix} C \\ CF \\ \vdots \\ CF^{N-1} \end{bmatrix} = n \qquad (4.3)$$

n 为系统状态向量的维数.

例 4.3 判断下列系统的状态能观性.

$$x(k+1) = \begin{pmatrix} 2 & 0 & 3 \\ -1 & -2 & 0 \\ 0 & 1 & 2 \end{pmatrix} x(k)$$

$$y(k) = \begin{pmatrix} 1 & 0 & 0 \\ 0 & 1 & 0 \end{pmatrix} x(k)$$

解：由状态能观性的判据 $\text{rank} \begin{bmatrix} C \\ CF \\ CF^2 \end{bmatrix} = \begin{pmatrix} 1 & 0 & 0 \\ 0 & 1 & 0 \\ 2 & 0 & 3 \\ -1 & -2 & 0 \\ 4 & 3 & 12 \\ 0 & 4 & -3 \end{pmatrix} = 3.$

由式（4.3），该系统状态是完全能观的.

知识点链接：线性代数——矩阵乘法　线性变换　矩阵方程有解的判别条件　矩阵的秩

第二节　线性定常系统的时域响应与稳定性

一、线性定常系统的时域响应

若一个单输入、单输出的线性定常系统存在 n 个独立储能元件，那么可以用一个 n 阶常系数线性微分方程来描述系统的运动过程，其一般形式为

$$a_0 \frac{\mathrm{d}^n y(t)}{\mathrm{d}t^n} + a_1 \frac{\mathrm{d}^{n-1} y(t)}{\mathrm{d}t^{n-1}} + \cdots + a_{n-1} \frac{\mathrm{d}y(t)}{\mathrm{d}t} + a_n y(t)$$
$$= b_0 \frac{\mathrm{d}^m x(t)}{\mathrm{d}t^m} + b_1 \frac{\mathrm{d}^{m-1} x(t)}{\mathrm{d}t^{m-1}} + \cdots + b_{m-1} \frac{\mathrm{d}x(t)}{\mathrm{d}t} + b_m x(t)$$

其中 $x(t)$ 为输入信号，$y(t)$ 为输出信号．a_0，a_1，$\cdots$，a_n，b_0，b_1，$\cdots$，b_m 为由系统本身各参数确定的系数．

系统的时域响应是指该系统在输入信号的作用下，输出随时间的变化规律，也就是上述系统的解．

由线性微分方程理论可知，系统的解可由两部分组成，即

$$y(t) = y_P(t) + y_H(t)$$

式中 $y_P(t)$ 对应微分方程的特解，它是系统在输入信号 $x(t)$ 的作用下的强迫运动分量，取决于系统的结构和参数，以及输入信号的形式．$y_H(t)$ 为微分方程对应的齐次方程的通解，也称自由运动解，是系统响应的过渡过程分量，或称暂态分量，其值与系统的结构参数及初始条件有关，而与输入信号无关．

二、线性定常系统的稳定性

如果系统的特征方程是

$$a_0 s^n + a_1 s^{n-1} + \cdots + a_{n-1} s + a_n = 0$$

则根据 $n+1$ 个系数可列出如下表格，称为劳斯列表．

s^n	a_0	a_2	a_4	a_6	$\cdots$
s^{n-1}	a_1	a_3	a_5	a_7	$\cdots$
s^{n-2}	b_1	b_2	b_3	b_4	$\cdots$
s^{n-3}	c_1	c_2	c_3	c_4	$\cdots$
$\vdots$	$\vdots$	$\vdots$	$\vdots$	$\vdots$	
s^2	d_1	d_2			
s^1	e_1				
s^0	f_1				

表中未知元素由下面的公式计算得出：

$$b_1 = \frac{-1}{a_1}\begin{vmatrix} a_0 & a_2 \\ a_1 & a_3 \end{vmatrix}, \quad b_2 = \frac{-1}{a_1}\begin{vmatrix} a_0 & a_4 \\ a_1 & a_5 \end{vmatrix}, \quad b_3 = \frac{-1}{a_1}\begin{vmatrix} a_0 & a_6 \\ a_1 & a_7 \end{vmatrix}, \cdots$$

$$c_1 = \frac{-1}{b_1}\begin{vmatrix} a_1 & a_3 \\ b_1 & b_2 \end{vmatrix}, \quad c_2 = \frac{-1}{b_1}\begin{vmatrix} a_1 & a_5 \\ b_1 & b_3 \end{vmatrix}, \quad c_3 = \frac{-1}{b_1}\begin{vmatrix} a_1 & a_7 \\ b_1 & b_4 \end{vmatrix}, \cdots$$

$$g_1 = a_n$$

每一行各元素均计算到等于零为止.

劳斯稳定判据指出系统稳定的充分必要条件是：特征方程所有系数 a_n, a_{n-1}, $\cdots$, a_1, a_0 均大于零，并且劳斯列表中第一列的所有元素 b_1, c_1, $\cdots$, d_1, e_1, f_1 均为正.

例 4.4 已知三阶系统特征方程为 $a_0 s^3 + a_1 s^2 + a_2 s + a_3 = 0$，试判别系统的稳定性.

解： 劳斯列表为

s^3	a_0	a_2	0
s^2	a_1	a_3	0
s^1	$\dfrac{a_2 a_1 - a_3 a_0}{a_1}$	0	
s^0	a_3	0	

故得出三阶系统稳定的充要条件为各系数大于零，且 $a_2 a_1 > a_3 a_0$.

知识点链接： 线性代数——常系数微分方程解的结构　行列式的计算

第三节　卷积的意义

一、线性系统以及时不变性

如果把系统理解为接收一个输入并产生相应输出的任何实体，则线性系统如图 4-1 所示：

图 4-1　一维线性系统

输入 $x_1(t)$ 产生输出 $y_1(t)$，记为 $x_1(t) \to y_1(t)$，输入 $x_2(t)$ 产生 $y_2(t)$，记为 $x_2(t) \to y_2(t)$，则此系统是线性的当且仅当其具有如下性质：$x_1(t) + x_2(t) \to y_1(t) + y_2(t)$.

据此得到 $ax_1(t) \to ay_1(t)$，a 为有理数.

对于某线性系统，有 $x(t) \to y(t)$，若输入信号沿时间轴平移，得到

$$x(t-T) \to y(t-T)$$

即输出信号除平移同样长度外其他不变，则称系统具有时不变性．也就是说，平移输入信号仅使得输出信号移动同样的长度，输出信号的性质不变．

二、卷积

对于线性系统，若能得到说明输入 $x(t)$ 和输出 $y(t)$ 之间关系的一般表达式，就有助于对线性系统的理解．下面的式子就能一般地表达任何线性系统 $x(t)$ 和 $y(t)$ 之间的关系：

$$y(t) = \int_{-\infty}^{+\infty} f(t, \tau) x(\tau) \mathrm{d}\tau \tag{4.4}$$

即对于任何线性系统，可以选择一个二元函数 $f(t, \tau)$ 使得上式成立．

为简化讨论，先加入时不变约束条件：

$$y(t - T) = \int_{-\infty}^{+\infty} f(t, \tau) x(\tau - T) \mathrm{d}\tau$$

进行变量替换，将 t，τ 同时加上 T，得到

$$y(t) = \int_{-\infty}^{+\infty} f(t + T, \tau + T) x(\tau) \mathrm{d}\tau \tag{4.5}$$

比较式（4.4）和式（4.5），得到 $f(t, \tau) = f(t+T, \tau+T)$ 对于所有 T 均成立，即当两个变量增加同样的量时，$f(t, \tau)$ 的值不变．也就是说，只要 t，τ 的差不变，$f(t, \tau)$ 的值不变．这样可以定义一个 t，τ 的差的函数

$$g(t-\tau) = f(t, \tau)$$

从而式（4.4）成为

$$y(t) = \int_{-\infty}^{+\infty} g(t-\tau) x(\tau) \mathrm{d}\tau \tag{4.6}$$

这就是卷积积分．它表明，线性时不变系统可通过输入信号与表征系统特性的函数 $g(t)$ 的卷积得到．注意，当且仅当 $g(t)$ 为实值函数，系统保持实值性．

从积分定义以及式（4.6）可知卷积运算的过程．将输入函数 $x(t)$ 改写为 $x(\tau)$，将函数 $g(t)$（也是 $g(\tau)$）的图像反折得到 $g(-\tau)$，并向右平移 t 得到 $g(t-\tau)$，接下来按元素法理解积分，即计算 $x(\tau)$ 和 $g(t-\tau)$ 各元素处的积，并计算积分，就得到输出 $y(t)$．

三、离散卷积

对于离散序列，其卷积可用与连续函数类似的方法计算，此时自变量变为下标，而积则用求和替代，如对两个长度分别为 m 和 n 的序列 $f(i)$，$g(i)$，对应的卷积为

$$h(i) = f(i) \times g(i) = \sum_{j} f(j) g(i+1-j) \tag{4.7}$$

式（4.7）给出了一个长度分别为 $N = m+n-1$ 的输出序列．

离散卷积与连续卷积有类似的性质，特别是离散卷积可以用于数字图像，这一点是非

常重要的.

（一）离散卷积的矩阵形式

假设 $f(i)$ 是周期至少为 N 的无限长周期序列的一部分，其中 $N=m+n-1$ 为式 (4.7) 中的输出序列. 由于 $f(i)$ 的长度为 $m<N$，所以需要将其余部分补充为 0，即

$$f_p(i) = \begin{cases} f(i), & 1 \leqslant i \leqslant m \\ 0, & m < i \leqslant N \end{cases}$$

对 $g(i)$ 也重复此操作.

令 $f = \begin{pmatrix} f_p(1) \\ f_p(2) \\ \vdots \\ f_p(N) \end{pmatrix}$, $G = \begin{pmatrix} g_p(1) & g_p(N) & \cdots & g_p(2) \\ g_p(2) & g_p(1) & \cdots & g_p(3) \\ \vdots & \vdots & & \vdots \\ g_p(N) & g_p(N-1) & \cdots & g_p(1) \end{pmatrix}$, 则

$$h = G \cdot f = \begin{pmatrix} g_p(1) & g_p(N) & \cdots & g_p(2) \\ g_p(2) & g_p(1) & \cdots & g_p(3) \\ \vdots & \vdots & & \vdots \\ g_p(N) & g_p(N-1) & \cdots & g_p(1) \end{pmatrix} \begin{pmatrix} f_p(1) \\ f_p(2) \\ \vdots \\ f_p(N) \end{pmatrix}.$$

$h = \begin{pmatrix} h_p(1) \\ h_p(2) \\ \vdots \\ h_p(N) \end{pmatrix}$ 为 N 维列向量，G 的每一列都由前一列向上循环一位得到.

举例说明，设 $f = (1 \quad 2 \quad 3 \quad 4 \quad 5 \quad 0 \quad 0 \quad 0)'$,

$$G = \begin{pmatrix} -1 & 0 & 0 & 0 & 0 & -4 & -3 & -2 \\ -2 & -1 & 0 & 0 & 0 & 0 & -4 & -3 \\ -3 & -2 & -1 & 0 & 0 & 0 & 0 & -4 \\ -4 & -3 & -2 & -1 & 0 & 0 & 0 & 0 \\ 0 & -4 & -3 & -2 & -1 & 0 & 0 & 0 \\ 0 & 0 & -4 & -3 & -2 & -1 & 0 & 0 \\ 0 & 0 & 0 & -4 & -3 & -2 & -1 & 0 \\ 0 & 0 & 0 & 0 & -4 & -3 & -2 & -1 \end{pmatrix},$$

则 $h = G \cdot f = (-1 \quad -4 \quad -10 \quad -20 \quad -30 \quad -34 \quad -31 \quad -20)'$.

（二）二维卷积

二元连续函数的卷积与一维类似，其表达式为

$$h(x, y) = f \cdot g = \int_{-\infty}^{+\infty} \int_{-\infty}^{+\infty} f(u, v) g(x-u, y-v) \, du dv$$

在对数字图像操作时需要二维离散卷积，与二维连续卷积不同的是其自变量取整数值，二重积分改为二重求和. 这样，对于一幅数字图像，有

$$H = F \cdot G$$

$$H(i, j) = \sum_m \sum_n F(m, n)G(i-m, j-n)$$

由于 F，G 仅在有限范围内取值，因此求和计算只需在非零部分重叠的区域上进行，通常数组 G 叫作卷积核. 比如一个 3×3 数组 G 与一个比它大的多的数字图像 F 进行卷积，显然需要的乘法和加法的操作数会随着卷积核数目的增加而迅速增大，故一般卷积核会比较小. 另外，图像边缘处由于缺乏完整的邻接像素集合，故需要进行特殊处理，比如重复边缘像素进行邻接像素的补充之后再进行卷积等.

（三）卷积的平滑作用

图 4-2(a) 是受噪声干扰的离散函数 $f(x)$，进行卷积运算时采用了离散函数 $g(x)$，表现形式为矩阵 $\frac{1}{3}(1 \quad 1 \quad 1)$，从左至右进行运算. 随着卷积的进行，产生了离散函数 $h(x)$，其各点的值为 $f(x)$ 在单位长度上的局部平均值，结果见图 4-2(b). 这种局部平均具有压制高频起伏、保留输入函数基本波形的作用.

随着卷积平滑范围的增大，滤波的效果也越来越好，图 4-2(c) 为用矩阵 $\frac{1}{6}(1 \quad 1 \quad 1$

$1 \quad 1 \quad 1)$ 进行卷积得到的结果，图 4-2(d) 为用矩阵

$$\frac{1}{16}(1 \quad 1 \quad 1 \quad 1 \quad 1 \quad 1 \quad 1 \quad 1 \quad 1 \quad 1 \quad 1 \quad 1 \quad 1 \quad 1 \quad 1 \quad 1)$$

进行卷积得到的结果. 相比较而言，图 8-2(d) 卷积滤波得到的图形平滑效果最好.

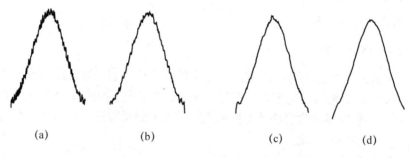

图 4-2　卷积的平滑作用

知识点链接：高等数学——定积分；线性代数——矩阵表示

第四节　主动声呐信号中的数学模型

声呐是利用水下声波判断水下物体的存在、位置及类型的方法和设备. 按工作原理分为主动式声呐和被动式声呐. 有目的地主动从系统中发射声波的声呐称为主动声呐. 主动声呐发射某种形式的信号，利用接收机接收信号在水下传播途中障碍物或目标反射的回波

来探测.

主动声呐工作时，没有关于目标的先验知识，回波到达时间、初相、多普勒频移均未知，只有回波信号的形式是已知的，并与发射信号相同. 如何估计目标参数? 不同波形的分辨能力不同，不同波形的处理流程不同. 针对不同的信号参数（如振幅、相位、频谱等），会有不同的处理结果，这直接影响声呐的性能. 故要研究声呐波形的不同特征，根据不同的任务，选择和发射不同的信号波形.

一、主动声呐的信号描述

主动声呐信号常从三个方面来描述：时间函数、频谱函数及模糊函数.

（一）时间函数

窄带信号是声呐常采用的信号形式，可以表示为

$$s(t) = \begin{cases} a(t)\cos[2\pi f_0 t + \varphi(t)], & t \in [0, T] \\ 0, & \text{其他} \end{cases} \tag{4.8}$$

其中 $a(t)$ 为幅度调制，$\varphi(t)$ 为相位调制，f_0 为载频，T 为脉冲宽度.

（二）频谱函数

信号的频谱是信号时间波形 $s(t)$ 的傅里叶变换，即

$$S(f) = \int_{-\infty}^{+\infty} s(t) \mathrm{e}^{-\mathrm{i}2\pi ft} \, \mathrm{d}t$$

它是复函数，一般写为

$$S(f) = |S(f)| \mathrm{e}^{\mathrm{i}\Psi(f)}, \tag{4.9}$$

其中 $|S(f)|$ 称为信号的幅度谱，而 $\Psi(f)$ 称为信号的相位谱. 通常将信号幅度下降到最大值 $0.707(-3\mathrm{dB})$ 处的频带宽度称为信号的带宽. 在选择接收机的通带宽度时，频谱起到了重要作用. 一般选择接收机的带宽要稍大于信号的频谱宽度，既可防止信号能量的损失，又可抑制带外的噪声干扰.

（三）模糊函数

信号 $s(t)$ 的模糊函数定义为

$$|\chi(\tau, \xi)| = \left| \int_{-\infty}^{+\infty} s(t)s^*(t+\tau)\mathrm{e}^{-\mathrm{i}2\pi\xi t} \, \mathrm{d}t \right| \tag{4.10}$$

其中 τ 为信号延迟，ξ 为信号的频移. 若设 $s(t) = u(t) + \mathrm{i}v(t)$，则 $s^*(t) = u(t) - \mathrm{i}v(t)$，即 $s^*(t)$ 为 $s(t)$ 的共轭，这样容易理解 $|s(t)|^2 = s(t)s^*(t)$.

信号的时间函数描述了信号的时域特性，信号的频谱描述了信号的频域特性，而模糊函数则描述了信号的时频域联合特性.

二、信号的模糊函数

主动声呐信号形式的选择与接收机的处理方式有关. 信号处理有多种方案，匹配滤波处理是声呐接收机最常用的方法. 匹配滤波器的好坏直接关系声呐的性能，而信号的模糊

函数与匹配滤波器存在一定的联系，通过信号模糊函数的分析，就能了解声呐系统的基本性能，从而根据不同的需要选择适当的信号波形.

（一）信号的多普勒频移

为了确切了解模糊函数的意义，先讨论声呐与目标间的相对运动对接收脉冲信号的影响. 声呐与目标间的相对运动会使接收的信号波形发生改变，表现为信号的频率的偏移，称为多普勒频移现象.

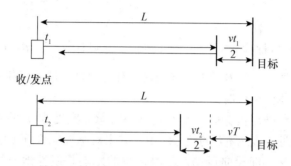

图 4 - 3　目标与声呐存在相对运动时脉冲信号接收情况
（上图为脉冲前沿，下图为脉冲后沿）

如图 4 - 3 所示，考虑目标以速度 v 径向声呐（发射或接收合置）运动的情况. 假设发射信号为

$$s_T(t)=\begin{cases} s(t), & 0\leqslant t\leqslant T \\ 0, & \text{其他} \end{cases}$$

若在 $t=0$ 时刻声呐与目标相距 L，脉冲前沿经目标反射到达接收点的时间为 t_1，则在 t_1 时间内目标向声呐靠近了 $vt_1/2$.

$$L=\frac{vt_1}{2}+\frac{1}{2}ct_1$$

因而可得

$$t_1=\frac{2L/c}{1+v/c}=\frac{2L/c}{1+x}$$

其中记 $x=v/c$，c 为声波传播速度.

当脉冲后沿离开发射换能器表面时，目标向声呐靠近了 vT. 若其往返时间为 t_2，则在 t_2 时间内目标又向声呐靠近了 $vt_2/2$. 因此

$$L=\frac{1}{2}vt_2+\frac{1}{2}ct_2+vT$$

由此可得

$$t_2=\frac{2L/c-2xT}{1+x}$$

故脉冲信号前后沿往返时间不同，其差值为

$$t_1 - t_2 = \frac{2xT}{1+x}$$

因而当发射的信号的脉冲宽度为 T 时，接收到的信号的脉冲宽度变为

$$T_1 = T - (t_1 - t_2) = T - \frac{2xT}{1+x} = \left(\frac{1-x}{1+x}\right)T = \alpha T$$

其中 $\alpha = \dfrac{1-x}{1+x}$.

当 $x = \dfrac{v}{c} \ll 1$ 时，可计算 $\alpha \approx 1 - \dfrac{2v}{c}$，记 $\delta = \dfrac{2v}{c}$，则有 $\alpha = 1 - \delta$，这里 α，δ 均为与声呐和目标间的相对运动速度 v 以及声波传播速度 c 有关的量. 注意，相对运动速度 v 是有符号的，当目标与声呐相向运动时为正.

以上分析表明，声呐与目标间的相对运动使得脉冲宽度为 T 的发射信号经目标反射后，在接收点变为脉冲宽度为 αT 的信号. 由于并未对脉冲宽度 T 的选取作任何限制，故以上结论具有普遍意义，即径向运动对信号接收的影响是线性地压缩或伸张信号的时间标尺.

当传播延迟 τ 时，接收信号可表示为

$$s_r(t) = s_T\left[\frac{1}{\alpha}(t-\tau)\right] = s_T\left[\frac{1}{1-\delta}(t-\tau)\right] \approx s_T[(1+\delta)(t-\tau)].$$

当信号为窄带时，发射信号的复解析表达式为

$$s_T(t) = \bar{a}(t)e^{i2\pi f_0 t}$$

其中 $\bar{a}(t)$ 为信号的复包络. 与载频信号相比，它一般为时间的慢变函数. 由此得接收信号为

$$s_r(t) = \bar{a}[(1+\delta)(t-\tau)]e^{i2\pi f_0[(1+\delta)(t-\tau)]}$$

这表明，目标与声呐的相对运动有两方面的影响，即信号的复包络的时间比例发生变化和载频移动.

由于多普勒效应引起的复包络的最大失真发生在脉冲信号的后沿，此处产生的时间偏差 $\Delta t = T \cdot 2v/c$. 若信号带宽为 B，信号复包络的变化保持在 $1/B$ 秒内，则这种影响便可忽略不计，即要满足

$$\frac{2vT}{c} \ll \frac{1}{B} \quad \text{或} \quad BT \ll \frac{c}{2v}$$

在这种情况下，多普勒效应可视为简单的载频偏移，故回波可简化为

$$s_r(t) = \bar{a}[(t-\tau)]e^{i2\pi f_0[(1+\delta)(t-\tau)]} = \bar{a}[(t-\tau)]e^{i2\pi f_0(t-\tau)} \cdot e^{i2\pi f_0\delta(t-\tau)}$$
$$= s(t-\tau)e^{i2\pi\xi(t-\tau)} \tag{4.11}$$

其中 $\xi = f_0\delta = f_0\dfrac{2v}{c}$ 为多普勒频移. 该式为存在时延 τ 和多普勒频移 ξ 时的窄带信号回波表

示式.

（二）信号的模糊函数

为了描述上节给出的模糊函数的意义，将先讨论其与匹配滤波器的关系.

匹配滤波器是一种线性滤波器. 在白噪声背景下，与发射信号 $s(t)$ 匹配的滤波器脉冲响应函数为

$$h(t) = s^*(t_0 - t), \quad t \geqslant 0 \qquad (4.12)$$

其中 t_0 为匹配滤波器输出最大瞬时信噪比的时刻.

式（4.12）的匹配滤波器对具有时延 τ_0 和频移 ξ_0 的回波 $s_r(t)$ 的响应为 $s_r(t)$ 与 $h(t)$ 的卷积，即

$$
\begin{aligned}
y(\tau) &= \int_{-\infty}^{+\infty} s_r(t) h(\tau - t) \mathrm{d}t \\
&= \int_{-\infty}^{+\infty} s(t - \tau_0) \mathrm{e}^{\mathrm{i}2\pi\xi_0(t-\tau_0)} s^*[t_0 - (\tau - t)] \mathrm{d}t \\
&= \int_{-\infty}^{+\infty} s(t) s^*[t + (t_0 + \tau_0 - \tau)] \mathrm{e}^{\mathrm{i}2\pi\xi_0 t} \mathrm{d}t \, [\text{利用了式}(4.11)]
\end{aligned}
$$

这里只需一个替换 $t - \tau_0 = k$，将变量 k 变回 t.

比较式（4.10）中模糊函数的公式可得

$$y(\tau) = \chi(t_0 + \tau_0 - \tau, -\xi_0)$$

因而，通过研究信号的模糊函数的特性就可以了解声呐系统匹配滤波处理的效果，而这正是模糊函数研究的最大意义.

另外，可以通过计算获得模糊函数与目标分辨有关. 设目标 1 的回波时延为 x，频移为 y；目标 2 的回波时延为 $x - \tau$，频移为 $y + \xi$，可将目标 1、2 的回波信号分别写为

$$s_{r1}(t) = s(t - x) \mathrm{e}^{\mathrm{i}2\pi y(t-x)}$$
$$s_{r2}(t) = s(t - x + \tau) \mathrm{e}^{\mathrm{i}2\pi(y+\xi)(t-x+\tau)}$$

可以采用两个信号波形的方差，即

$$\sigma^2 = \int_{-\infty}^{+\infty} |s_{r1}(t) - s_{r2}(t)|^2 \mathrm{d}t$$

来衡量两个信号之间的差别，σ^2 越大，声呐就越容易区分这两个目标的回波.

经计算

$$\sigma^2 \geqslant 2[E - |\chi(\tau, \xi)|]$$

其中 $E = \int_{-\infty}^{+\infty} |s(t)|^2 \mathrm{d}t$ 为信号的能量.

这说明，要想使得 σ^2 增大，相当于使得模糊函数 $|\chi(\tau, \xi)|$ 尽可能减小，即若 $|\chi(\tau, \xi)|$ 从其峰值随着 τ 和 ξ 的变化下降得越快，那么两目标回波的波形方差 σ^2 越大，声呐对这两个目标的分辨也就越 "不模糊".

第五节　声呐信号的接收

声呐接收机的指标是表征一个设备的用途、功能的技术参数，人们通过这些指标来衡量设备性能的优劣，并据此进行工程设计．

对于任何一部声呐设备，人们都希望它的作用距离远、定位精度高、搜索速度快、抗干扰能力强、能对目标进行识别，且体积小、重量轻、工作稳定可靠．

一、声呐接收机的主要指标

接收机的主要指标包括接收机灵敏度、检测阈、接收机的总放大倍数以及通频带．

接收机灵敏度指的是接收机能正常工作时允许的输入端最小信号．传统上，用最小输入电压表示．它表示接收机接收小信号的能力，这一功能与下面的放大倍数有关．接收机具有能接收微小信号的能力，一方面取决于系统的放大系数，另一方面取决于输入端的噪声大小和接收机的处理增益（接收机输出信噪比相对于输入信噪比提高的倍数）．输入噪声越小，处理增益越大，允许的放大系数越大，则在接收机的输入端能够接收到的最小信号越小，即接收机的灵敏度越高．

接收机的总放大倍数是指接收机输出的有用信号电压与输入的最小信号电压的比值．

通频带指的是接收机放大系数从最大值下降 3dB 时的频率宽度．通频带说明了接收机对信号的放大的频率范围，在这个频率范围内信号可以得到较大的放大，在此频率范围之外的噪声和干扰被有效地抑制．通频带太宽受到的干扰就比较大，太窄则收到的信号能量减小，同时引起波形失真．在主动声呐中，接收机的通频带要考虑发射信号的带宽，例如声呐与目标间相对运动引起的多普勒频率偏移，接收机和发射机主振的频率偏移等．

二、阈值、检测概率和虚警概率

声呐接收机处理目标回波时，最终要送到判决机构进行判决，以确定目标的存在．最简单的检测判决机理与阈值的概念有关，只要信号加噪声的幅度超过这个阈值就认为有目标存在．阈值一旦设定，就有可能当信号加噪声超过阈值时，实际上并没有信号存在（因为噪声很大），这就是虚警．如果信号加噪声没有超过阈值，则会判断为无信号，称为漏报．判别目标存在与否，有四种可能．

表 4-1　　　　　　　　　　　声呐接收机虚警或漏报的条件

	信号＋噪声在阈值以上	信号＋噪声在阈值以下
输入有信号（S＋N）	检测（Detection）	漏报（Miss）
输入无信号（N）	虚警（False Alarm）	无目标（Null）

说明：S—信号，N—噪声．

虚警和漏报是一对相互矛盾的总体，减小虚警的最直接的方法是提高阈值，但是阈值提高后会导致漏报的概率增加. 解决办法是包络检测. 即任务变为：确定噪声包络以及信号加噪声的包络的概率密度函数，然后在阈值之上或之下积分得到各种情况的概率.

假设某一系统输出噪声包络的概率密度函数为 $p_N(x)$，则虚警概率为

$$PFA = \int_{V_T}^{\infty} p_N(x)\mathrm{d}x$$

就是输出值超过阈值 V_T 的概率. 此时从概率的定义出发，就可以得到正确地判断无信号的概率为（$1-PFA$）. 若输入是零均值的正态分布噪声，那么噪声的包络分布 $p_N(x) = \frac{x}{N}\mathrm{e}^{-\frac{x^2}{2N}}$，其中 N 为噪声的方差，即噪声功率是一个瑞利分布. 简单计算可知

$$PFA = \mathrm{e}^{-\frac{V_T^2}{2N}}$$

可见虚警概率与输出噪声包络的概率密度函数 $p_N(x)$、阈值 V_T 和噪声功率 N 有关.

瑞利分布不是唯一的，可以是正态分布、对数正态分布，但瑞利分布给出比其他假设更高的 PFA，故最具代表性.

为了计算检测概率，先计算系统输出信号加噪声包络的概率密度函数 $p_{S+N}(x)$，然后将其在阈值 V_T 上积分，得到

$$PD = \int_{V_T}^{\infty} p_{S+N}(x)\mathrm{d}x$$

对于一个确定的信号，其幅度为 A，则信号加噪声的包络的概率密度函数为

$$p_{S+N} = \frac{x}{N}J_0\left(\frac{xA}{N}\right)\mathrm{e}^{-\frac{x^2+A^2}{2N}}$$

其中 J_0 为第一类贝塞尔函数，当信噪比（即 $\frac{A^2}{N}$）很大时，上式用均值为 A 的正态概率密度函数来近似，即

$$p_{S+N} \approx \frac{1}{\sqrt{2\pi N}}\,\mathrm{e}^{-\frac{(x-A)^2}{2N}} \quad (A^2 \gg N)$$

上式表明，检测概率和阈值 V_T、噪声的方差 N、信号幅度 A 以及信号加噪声的概率密度函数有关.

在得到检测概率 PD 之后，容易得出漏报的概率为

$$p_{miss} = 1 - PD.$$

接收机工作特性的最难的任务是确定检测概率 PD 和虚警概率 PFA，因为这两个参数的值和接收机的性质以及人的因素有关，还与所用的算法以及使用环境有关.

三、声呐接收机置信级的确定的例子

例 4.5　噪音站（被动声呐）常用谎报率（虚警率）提出对虚警概率的要求.

虚警率定义为单位时间内出现的虚警次数. 设接收机的通带宽度为 $B\mathrm{Hz}$，则独立样本

采样间隔为 $1/B$（由窄带高斯噪声的相关事件确定），每个独立样本的虚警概率为 PFA，一秒内出现的虚警次数为

$$n = \frac{PFA}{1/B} = B \cdot PFA$$

虚警率的倒数定义为虚警时间（平均虚警时间），可以对虚警时间提出要求，再要求虚警概率 PFA，例如可以要求虚警时间为几秒或几十秒.

下面确定检测概率 PD. 在给定的时间 T 内，有 K 个独立样本值，本例中 $K = BT$. 在这种情况下，使用者认为只要一个样本值超过阈值，就确认已经检测到了信号.

假设一个样本的检测概率为 $PD1$，则由概率理论，k 个独立样本值中至少有一个超过阈值的概率为

$$PD = 1 - (1 - PD1)^k$$

由此计算一个样本的检测概率 $PD1$. 这里 $1 - PD1$ 为一个样本的漏报概率，$(1 - PD1)^k$ 为 k 个独立样本同时漏报的概率. 通常，接收机工作特性曲线上的检测概率为单个样本的检测概率. 只要认为多个信号中至少有一个检测到就视为有信号，上述检测概率的计算方法就适用.

例 4.6 考虑观察者在距离—方位显示器上观察声呐的输出，确定虚警概率及检测概率.

这种距离—方位显示器沿方向轴形成 N 个独立观察单元（对应 N 个独立波束），在距离轴上显示的总距离等于 M 乘以距离分辨率（$R = \frac{1}{2} c\tau$），故在显示器上有 $M \times N$ 个独立的图像点. 当采用灰度调制时，这些样本点有亮、不亮两种状态. 若每秒发射 K 个脉冲，则观察者每秒能观察到 $K \times M \times N$ 个样本点.

检测概率依赖于距离，因为远处的目标回波信号的信噪比比较低. 工程上有时用这样的方法提出对检测概率的要求，即允许在多长时间内不被漏报一次. 这个时间的均值被称为检测时间 t. 设检测概率为 PD，则漏报概率为 $1 - PD$，每秒漏报次数为 $(1 - PD)/T = (1 - PD)K$. 这里 K 为发射信号重复频率，T 为重复周期，显然 $K = 1/T$. 根据检测时间的定义，得到检测时间为

$$t = \frac{1}{(1 - PD)K}$$

当给定检测时间 t 后，可求出检测概率 PD 为

$$PD = 1 - \frac{1}{Kt} = 1 - \frac{T}{t}$$

例如，若主动声呐的发射周期 $T = 5$ 秒，允许每半分钟漏报一次，则有 $PD = 1 - 5/30 \approx 0.83$.

由上述例子可知，要想运用接收机的工作特性，先要知道置信级的要求，即对 PD 和 PFA 的要求. 这一要求由系统使用者提出，声呐设计者要将这些要求量化为虚警概率和一次探测的检测概率.

知识点链接： 概率论与数理统计——概率密度　假设检验

第 5 章 机械原理与可靠性的基础数学模型

本章讨论了机械平移系统、旋转体运动系统、电气系统的数学模型基础；讨论了机械设计中的优化设计问题、机械设计中的数学模型（如曲率问题、动力分析的牛顿求解法、凸轮机构的压力角与弹簧力）等内容；还对机械零件与系统的可靠性设计、疲劳强度可靠性设计方法进行了基础性的分析. 本章内容主要参考了文献 [13]、[14]、[15]、[16]、[17]、[18]、[19]、[20].

第一节　机械控制系统的数学模型

研究一个机械控制系统，除了对系统进行定性分析外，还必须进行定量分析，进而探讨改善系统稳态和动态性能的具体方法. 因此，需要先建立描述系统运动规律的数学模型. 在建立系统的数学模型时一般按照如下步骤：首先，确定系统各组件的输入量和输出量，确定系统的输入量、中间量和输出量；其次，对系统进行必要的假设；再次，根据系统自身的物理规律列出各组件的原始方程，并消去中间变量建立描述系统的微分方程；最后，对方程求解，利用结果定量分析系统，如果是非线性方程，则往往需要线性化处理. 依据上述方法，可以给出下面几个常见的控制系统的数学建模过程以及非线性模型线性化的常用方法.

一、机械平移系统

弹簧—质量—阻尼器的机械位移系统如图 5-1 所示，设外作用力 F 为输入量，位移 y 为输出量，试求该系统的微分方程.

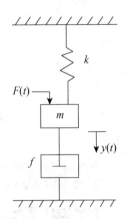

图 5－1 弹簧—质量—阻尼器的机械位移系统

解析如下：设初始状态时弹簧 k 不受任何压力或拉力，系统处于静止状态，即初始条件为 $y(0)=0$，$y'(0)=0$. 在外力 F 的作用下，弹簧产生的弹力 F_k 与位移 y 成正比，即 $F_k=ky$；阻尼器产生的阻力 F_f 应与质量块的速度 $\dfrac{\mathrm{d}y}{\mathrm{d}t}$ 成正比，即 $F_f=f\dfrac{\mathrm{d}y}{\mathrm{d}t}$，质量块的惯性力 F_g 应与其加速度 $\dfrac{\mathrm{d}^2y}{\mathrm{d}t^2}$ 成正比，即 $F_g=m\dfrac{\mathrm{d}^2y}{\mathrm{d}t^2}$. 根据牛顿第二运动定律，外力 F 应该与弹簧的弹力、阻尼器的阻力以及质量块的惯性力平衡，即

$$F_k+F_f+F_g=F$$

即有

$$ky+f\frac{\mathrm{d}y}{\mathrm{d}t}+m\frac{\mathrm{d}^2y}{\mathrm{d}t^2}=F$$

将上述式子整理可得 $m\dfrac{\mathrm{d}^2y}{\mathrm{d}t^2}+f\dfrac{\mathrm{d}y}{\mathrm{d}t}+ky=F$.

二、旋转体运动系统

图 5－2 所示的为机械传动系统，设外加扭矩 T 为输入量，角位移 θ 为输出量，求该系统的微分方程.

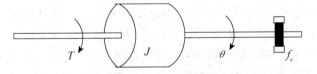

图 5－2 旋转体运动系统

解析如下：该系统可以看成由转动惯量为 J 的转子与弹性系数为 K_s 的弹性轴以及阻尼系数为 f_v 的阻尼器连接而成. 假设初始平衡状态 $\theta=0$. 根据机械转动系统的牛顿定律可得

$$T_g+T_f+T_k=T$$

式中，T_g 为惯性体所产生的阻力矩，$T_g=J\dfrac{\mathrm{d}^2\theta}{\mathrm{d}t^2}$；

T_f 为阻尼器所产生的阻力矩，$T_f = f_v \dfrac{\mathrm{d}\theta}{\mathrm{d}t}$；

T_k 为弹性轴所产生的弹性阻力矩，$T_k = K_s\theta$.

将 T_g，T_f，T_k 代入上式，可得出描述系统输入输出关系的微分方程式

$$J\frac{\mathrm{d}^2\theta}{\mathrm{d}t^2} + f_v\frac{\mathrm{d}\theta}{\mathrm{d}t} + K_s\theta = T$$

三、电气系统

电气系统的基本元件是电容、电感和电阻.

图 5-3 所示的为 RLC 串联电路，$u_i(t)$ 为输入量，$u_0(t)$ 为输出量. 求该电路的微分方程.

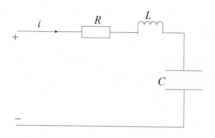

图 5-3　电气系统

解析如下：设回路电流为 $i(t)$，根据基尔霍夫定律，得

$$Ri(t) + L\frac{\mathrm{d}i}{\mathrm{d}t} + \frac{1}{C}\int i(t)\mathrm{d}t = u_i(t)$$

其中 $u_0(t) = \dfrac{1}{C}\displaystyle\int i(t)\mathrm{d}t$，可以解得 $i(t) = C\dfrac{\mathrm{d}u_0(t)}{\mathrm{d}t}$，代入上式，消去中间变量 $i(t)$，整理得

$$LC\frac{\mathrm{d}u_0^2(t)}{\mathrm{d}t^2} + RC\frac{\mathrm{d}u_0(t)}{\mathrm{d}t} + u_0(t) = u_i(t)$$

这就是描述输入输出关系的数学模型.

四、非线性数学模型的线性化

一个具有非线性特性的元件或系统的输入量为 $x(t)$，输出量为 $y(t)$，若系统的工作点为 $y_0 = f(x_0)$，则在 $y_0 = f(x_0)$ 附近展开成泰勒级数，得

$$y = f(x) = f(x_0) + \frac{\mathrm{d}f(x)}{\mathrm{d}x}\bigg|_{x=x_0}(x-x_0) + \frac{1}{2!}\frac{\mathrm{d}^2f(x)}{\mathrm{d}x^2}\bigg|_{x=x_0}(x-x_0)^2 + \cdots$$

当 $|x-x_0|$ 足够小时，可以忽略二阶以上高阶无穷量，得

$$y \approx f(x_0) + \frac{\mathrm{d}f(x)}{\mathrm{d}x}\bigg|_{x=x_0}(x-x_0)$$

这就是非线性系统的线性化数学模型.

对于有两个输入量的非线性系统，设输入量为 $x_1(t)$，$x_2(t)$，输出变量为 $y(t)$，系统的工作点为 $y_0 = f(x_{10}，x_{20})$，在工作点附近展开成泰勒级数，得

$$y = f(x_{10}，x_{20}) + \left[\frac{\partial f(x_1，x_2)}{\partial x_1}(x_1 - x_{10}) + \frac{\partial f(x_1，x_2)}{\partial x_2}(x_2 - x_{20}) \right] \Big|_{\substack{x_{10} \\ x_{20}}}$$

$$+ \frac{1}{2!} \left[\frac{\partial^2 f(x_1，x_2)}{\partial x_1^2}(x_1 - x_{10})^2 + \frac{\partial^2 f(x_1，x_2)}{\partial x_1 \partial x_2}(x_1 - x_{10})(x_2 - x_{20}) \right.$$

$$\left. + \frac{\partial^2 f(x_1，x_2)}{\partial x_2^2}(x_2 - x_{20})^2 \right] \Big|_{\substack{x_{10} \\ x_{20}}} + \cdots$$

当 $|x_1 - x_{10}|$ 与 $|x_2 - x_{20}|$ 足够小时，忽略二阶以上高阶无穷小量，得

$$y \approx f(x_{10}，x_{20}) + \left[\frac{\partial f(x_1，x_2)}{\partial x_1}(x_1 - x_{10}) + \frac{\partial f(x_1，x_2)}{\partial x_2}(x_2 - x_{20}) \right] \Big|_{\substack{x_{10} \\ x_{20}}}$$

这就是两个输入量的非线性系统的线性化模型.

知识点链接：高等数学——微分方程及其建立　一元函数和多元函数的泰勒展式

第二节　机械设计中的优化方法

机械的优化设计是指将工程设计问题转化为数学中的最优化问题，利用数学规划的方法在诸多满足条件的可行设计中找最优的设计方案. 转化后的数学模型可分为三要素：设计变量、目标函数和约束条件. 优化设计的一般步骤为：首先，根据设计要求和目的来定义优化问题，并建立优化问题的数学模型；其次，选用合适的计算方法对优化问题进行求解；最后，根据计算结果对设计方案进行适用性分析. 将优化设计问题抽象和描述为数学优化模型，称为优化建模. 下面给出优化设计问题转化为优化模型的两个例子.

一、圆柱螺旋压缩弹簧的优化设计

下面以承受静载荷的圆柱螺旋压缩弹簧的优化设计为例，说明数学模型的建立过程.

（1）设计变量. 设计过程中需要先确定设计参数，这类参数称为设计变量. 如弹簧优化设计中取弹簧中径 D、弹簧丝直径 d 和弹簧工作圈 n 为一组设计变量. 每一组设计变量对应一种设计方案.

（2）目标函数. 目标函数也称为评价函数，是评价设计目标优化的重要指标，不同的设计目的有不同的目标. 如上述弹簧优化设计的目标可取为质量 m 最轻，此时其数学表达式为

$$\min m = \frac{1}{4} \pi^2 \rho D d^2 n$$

（3）约束条件. 在优化目标函数中，设计变量的取值必须服从有关规律和限制（如标准、规范以及设计规定的条件），这就构成了设计的约束条件. 一般分为边界约束、性能约束及几何约束三类. 例如，在弹簧优化设计中需要考虑的约束条件有：

1）对变形量 λ 的要求（由弹簧的工作要求给定，例如为 10mm）：

$$\lambda = \frac{8FD^3n}{Gd^4} = 10 \, (\text{mm})$$

2）对压并高度（指把压缩弹簧压至每一圈都并紧时的高度）H_b 的要求（由工作要求给定，如不大于 50mm，弹簧为两端磨平）：

$$H_d = (n_1 - 0.5)d \leqslant 50 \, (\text{mm})$$

3）对弹簧内径 D_1 的要求（由工作要求给定，如不小于 16mm）：

$$D = D_1 - d \geqslant 16 \, (\text{mm})$$

4）静压强度条件：

$$\tau = K\frac{8FD}{\pi d^3} \leqslant \tau_P$$

上述各式中 F 为工作负荷；G 为切变模量；τ_P 为弹簧丝的许用切应力；K 为曲度因数，$K = \frac{4C-1}{4C-4} + \frac{0.615}{C}$，$C = \frac{D}{d}$；$n_1$ 为弹簧总圈数，$n_1 = n + n_2$，n_2 为支承圈数.

以上约束条件中，1）和 2）为性能约束，2）和 3）为几何约束，2）、3）、4）为不等式约束.

由于所有设计变量取正值，因此需要加边界约束：$D > 0$，$d > 0$，$n > 0$.

上述问题的数学表达式为

$$\begin{cases} \min \ f(X), \ X \in D \subset E^n \\ \text{s. t. } g_j(X) \leqslant 0, \ j = 1, 2, \cdots, p \\ \qquad h_k(X) = 0, \ k = 1, 2, \cdots, q \end{cases}$$

式中 $g_j(X)$ 为不等式约束；$h_k(X)$ 为等式约束；X 为设计变量，$X = [x_1, x_2, \cdots, x_n]^T$.

二、单圆盘轴的优化设计

要求设计一个中部装有单圆盘的对称阶梯轴，轴的转速 ω 已知，为使轴工作稳定，要求所设计的轴的固有频率高于工作转速，在此条件下要求轴的质量最轻. 根据重量最轻和工作稳定性的要求优化设计单圆盘轴.

1. 建立目标函数

设轴的各段长度和圆盘质量已知.

按照设计要求，轴的质量应最轻，因此应以轴质量的数学表达式为目标函数，即

$$W = \rho\frac{\pi}{4}l(d_1^2 + d_2^2)$$

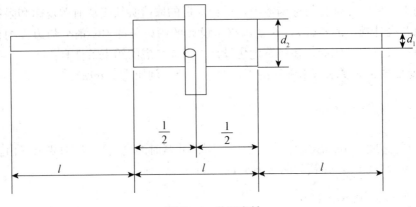

图 5 – 4　单圆盘轴

式中，W 为轴的质量（kg）；ρ 为轴材料的密度（kg/m³）.

2. 确定约束条件

根据设计要求的稳定工作条件——转轴在其固有频率以下工作，即

$$\omega_k = k\omega$$

式中，ω_k 为轴的固有频率（kHz）；k 为大于 1 的系数. 在工作状态下，该设计中这一单圆盘转轴可被视为一个单自由度的振动系统，其临界转速等于横向振动的固有频率 ω_k，根据振动原理有

$$\omega_k = \sqrt{\dfrac{g}{\delta_\mu}}$$

式中，g 为重力加速度；δ_μ 为轴的静变位. 由于圆盘质量远大于轴本身的质量，因此可以忽略轴本身质量对轴的振动和静变位的影响，于是有

$$\delta_\mu = 10.67 \dfrac{Ql^3}{\pi E}\left(\dfrac{1}{d_1^4} + \dfrac{2.38}{d_2^4}\right)$$

式中，E 为轴材料的弹性模量.

整理可得

$$\dfrac{1}{d_1^4} + \dfrac{2.38}{d_2^4} - c = 0$$

式中，$c = \dfrac{\pi Eg}{10.67 Ql^3 \omega^2 k^2}$.

这就是该设计问题的约束函数.

3. 设计变量和数学模型

由目标函数式可知，当轴的材料选定后，在轴各段长度给定的情况下，影响轴质量的独立变量是 d_1 和 d_2，于是得设计变量为

$$X = [x_1, x_2]^{\mathrm{T}} = [d_1, d_2]^{\mathrm{T}}$$

则该设计问题的数学模型为

$$\begin{cases} \min\limits_{x\in R^n} F(X)=\min(2x_1^2+x_2^2) \\ \text{s. t. } h(X)=\dfrac{1}{x_1^4}+\dfrac{2.38}{x_2^4}-c=0 \\ X=[x_1,\ x_2]^{\mathrm{T}} \end{cases}$$

知识点链接：高等数学——最值计算；线性代数——向量运算

第三节　机械设计中的数学模型

一、三位置综合解析法——给定固定铰链点

连杆平面 π 的位置可由连杆平面上任意点 P 以及任选的一条直线 PL 的方位角来确定. 该平面在第 1 位置时用 π_1 表示，其上点 P 为 $P_1(x_1,\ y_1)$，直线 PL 的方位角为 θ_1；该平面在第 j 位置时用 π_j 表示，其上点 P 为 $P_j(x_j,\ y_j)$，直线 PL 的方位角为 θ_j. 在直线 PL 上任取一点 M，相应地该点在第 1 位置和第 j 位置时坐标为 $M_1(x_{M1},\ y_{M1})$ 和 $M_j(x_{Mj},\ y_{Mj})$（见图 5-5）.

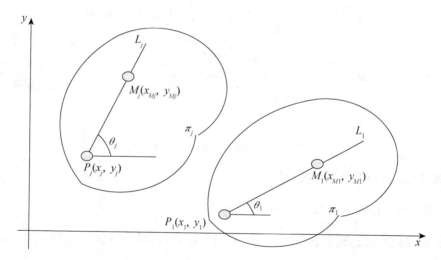

图 5-5　连杆平面

定义 $\theta_{1j}=\theta_j-\theta_1$ 为连杆相对于第 1 位置的转角，计算得

$$\begin{cases} x_{Mj}=x_{M1}\cos\theta_{1j}-y_{M1}\sin\theta_{1j}+x_j-x_1\cos\theta_{1j}+y_1\sin\theta_{1j} \\ y_{Mj}=x_{M1}\sin\theta_{1j}+y_{M1}\cos\theta_{1j}+y_j-x_1\sin\theta_{1j}-y_1\cos\theta_{1j} \end{cases}$$

对应的矩阵形式为

$$\begin{Bmatrix} x_{Mj} \\ y_{Mj} \\ 1 \end{Bmatrix} = \begin{bmatrix} C_{11j} & C_{12j} & C_{13j} \\ C_{21j} & C_{22j} & C_{23j} \\ C_{31j} & C_{32j} & C_{33j} \end{bmatrix} \begin{Bmatrix} x_{M1} \\ y_{M1} \\ 1 \end{Bmatrix} = [C]_{1j} \begin{Bmatrix} x_{M1} \\ y_{M1} \\ 1 \end{Bmatrix}$$

矩阵$[C]_{1j}$称为构件从位置 1 到位置 j 的位移矩阵.

二、曲率半径——直动平底从动件

平底从动件凸轮与滚子从动件凸轮的情况不同. 在平底从动件凸轮中，不允许出现负的曲率半径，因为平底从动件不可能随凸轮的凹面运动，当凸轮的曲率半径为负时，如果凸轮是在加工的情况，则会出现深切.

坐标系 xOy 的原点设在凸轮的转动中心，且 x 轴设定为与公切线即平底从动件的表面平行. 向量 r 附在凸轮上并随凸轮转动，该向量也作为凸轮运动的参考线，它与 x 轴的夹角为 θ. 接触点 A 由位置向量 R_A 确定. 曲率中心在点 C，曲率半径为 ρ，R_b 为基圆半径，s 为对应 θ 角的从动件的位移，ε 为偏心距.

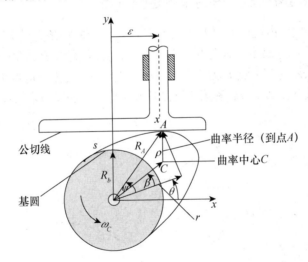

图 5-6　直动平底从动件的曲率标定

接触点的位置由两个矢量环确定

$$R_A = x + \mathrm{i}(R_b + s) \quad \text{和} \quad R_A = c\mathrm{e}^{\mathrm{i}(\theta+\beta)} + \mathrm{i}\rho$$

曲率中心 C 是固定在凸轮上的点，这意味着当凸轮转角微量变化时，c 和 ρ 的大小及 β 角是不变的.

$$\mathrm{i}c\mathrm{e}^{\mathrm{i}(\theta+\beta)} = \frac{\mathrm{d}x}{\mathrm{d}\theta} + \mathrm{i}\frac{\mathrm{d}s}{\mathrm{d}\theta}$$

可得

$$-c\sin(\theta+\beta) = \frac{\mathrm{d}x}{\mathrm{d}\theta}$$

$$c\cos(\theta+\beta)=\frac{\mathrm{d}s}{\mathrm{d}\theta}=v$$

可知 $x=v$.

这说明凸轮和从动件之间接触点的位置在数学上等于从动件以每弧度长度单位计的速度. 这意味着, v 的线图给出了平底从动件所必需的最小宽度.

$$平底宽度 > v_{max} - v_{min}$$

可得

$$\frac{\mathrm{d}x}{\mathrm{d}\theta}=\frac{\mathrm{d}v}{\mathrm{d}\theta}=a$$

解得

$$\rho=R_b+s+a$$

最小曲率半径为

$$\rho_{min}=R_b+(s+a)_{min}$$

三、动力分析——牛顿求解方法

此方法利用牛顿定律, 可求解机构的内力. 系统所有力的和以及系统所有转矩的和可写为

$$\sum F = ma, \quad \sum T = J_G \alpha$$

将力分别表示为 x 和 y 方向上两个分量的和, 转矩在二维坐标系中为 z 方向, 则

$$\sum F_x = ma_x, \quad \sum F_y = ma_y, \quad \sum T = J_G \alpha$$

对系统中的每个运动物体都可写出这三个方程, 然后建立系统的一组线性联立方程.

四、机械运动方程式的建立

机械的真实运动可通过建立等效构件的运动方程式求解. 下面介绍能量形式的方程式.

根据动能定理, 在一定的时间间隔内, 机械系统所有驱动力和阻力所作功的总和 ΔW 应等于系统具有的动能的增量 ΔE, 即 $\Delta W = \Delta E$.

设等效构件为转动构件, 若等效构件由位置 1 运动到位置 2（其转角由 φ_1 到 φ_2）时, 其角速度由 ω_1 变为 ω_2, 则上式可写为

$$\int_{\varphi_1}^{\varphi_2} M_e \mathrm{d}\varphi = \frac{1}{2}J_{e2}\omega_2^2 - \frac{1}{2}J_{e1}\omega_1^2$$

式中, J_{e1} 和 J_{e2} 分别是对应于位置 1 和位置 2 的等效转动惯量.

设以 M_{ed} 和 M_{er} 分别表示作用于机械中的所有驱动力和阻力的等效力矩，M_{ed} 与等效构件角速度 ω 同向，作正功，M_{er} 与 ω 反向，作负功．为了方便起见，M_{ed} 和 M_{er} 均取绝对值，则 $M_e = M_{ed} - M_{er}$，可写为

$$\int_{\varphi_1}^{\varphi_2} M_{ed}\, \mathrm{d}\varphi - \int_{\varphi_1}^{\varphi_2} M_{er}\, \mathrm{d}\varphi = \frac{1}{2} J_{e2} \omega_2^2 - \frac{1}{2} J_{e1} \omega_1^2$$

若等效构件为移动构件，则可得

$$\int_{s_1}^{s_2} F_{ed}\, \mathrm{d}s - \int_{s_1}^{s_2} F_{er}\, \mathrm{d}s = \frac{1}{2} m_{e2} v_2^2 - \frac{1}{2} m_{e1} v_1^2$$

式中，F_{ed} 和 F_{er} 分别是等效驱动力和等效阻力，也取绝对值；m_{e1} 和 m_{e2} 分别是等效构件在位置 1 和位置 2 时的等效质量；v_1 和 v_2 分别是等效构件在位置 1 和位置 2 时的速度；s_1 和 s_2 分别是等效构件在位置 1 和位置 2 时的坐标．上述两式即为等效构件运动方程式的能量形式．

五、刚体位移矩阵

刚体在空间或平面上的运动可以用刚体位移矩阵作定量描述．一个刚体在空间的位置需要用六个参数来确定，其位移的描述需要用四阶矩阵；一个刚体在平面的位置需要用三个参数来确定，其位移的描述需要用三阶矩阵．如图 5-7 所示．

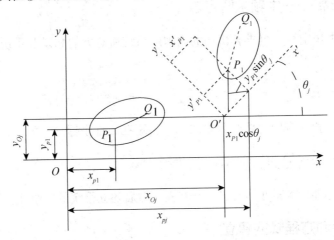

图 5-7　刚体位移的参数标定

一个刚体的位置可用固结其上的一条直线 PQ 表示．设固定的参考坐标系是 xOy，与刚体固结的动坐标系是 $x'O'y'$．对于已知初始位置的刚体 P_1Q_1，当已知刚体上的 P 点发生位移后的位置 x_{pj} 和 y_{pj} 及刚体相对于初始位置的转角 θ_j 时，刚体上另一点 Q 在发生位移后的位置为

$$\{q_j\} = [D_{1j}]\{q_1\}$$

其中，$\{q_j\} = \begin{Bmatrix} x_{qj} \\ y_{qj} \\ 1 \end{Bmatrix}$，$\{q_1\} = \begin{Bmatrix} x_{q1} \\ y_{q1} \\ 1 \end{Bmatrix}$，

$$[D_{1j}]=\begin{bmatrix} \cos\theta_j & -\sin\theta_j & x_{pj}-x_{p1}\cos\theta_j+y_{p1}\sin\theta_j \\ \sin\theta_j & \cos\theta_j & y_{pj}-x_{p1}\sin\theta_j-y_{p1}\cos\theta_j \\ 0 & 0 & 1 \end{bmatrix}=\begin{bmatrix} d_{11j} & d_{12j} & d_{13j} \\ d_{21j} & d_{22j} & d_{23j} \\ 0 & 0 & 1 \end{bmatrix}$$

矩阵 $[D]$ 称为刚体的平面位移矩阵, 描述了刚体作一般平面运动的情况.

六、凸轮机构的压力角

压力角 α 是凸轮和从动件接触点处的法向力与从动件在该点的速度方向所夹的锐角, 是衡量凸轮机构传力等性能的一个重要指标.

对于直动滚子从动件盘形凸轮机构, 如图 5-8 所示, I 点是凸轮与从动件的相对瞬心, 则压力角公式为

$$\tan\alpha=\frac{\dfrac{v}{\omega}\mp e}{s+\sqrt{r_0^2-e^2}}=\frac{\dfrac{\mathrm{d}s}{\mathrm{d}\varphi}\mp e}{s+\sqrt{r_0^2-e^2}}$$

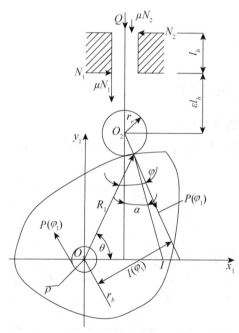

图 5-8　直动滚子从动件盘形凸轮机构

七、凸轮机构的弹簧力

在力封闭凸轮机构中, 在忽略构件之间摩擦力的前提下, 作用在直动从动件上的力 Q 可分为从动件系统的重力 F_g、工作阻力 F_r、惯性力 F_i、弹簧力 F_s, 如图 5-9 所示.

在一般情况下, 惯性力 F_i 和弹簧力 F_s 是从动件位移的函数

$$\begin{cases} F_i=-m\omega^2\dfrac{\mathrm{d}^2 s}{\mathrm{d}\varphi} \\ F_s=-k(s_0+s) \end{cases}$$

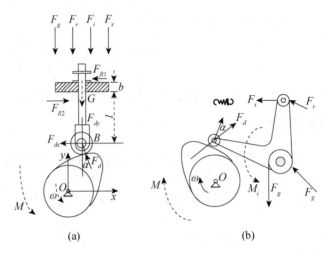

图 5-9　凸轮机构的弹簧力标定

其中，m——从动件系统的质量；

　　　k——弹簧刚度；

　　　s_0——弹簧的预紧变形量；

　　　s——从动件的位移.

八、表面粗糙度轮廓评定参数

（1）表面粗糙度轮廓的算术平均偏差 R_a.

在取样长度 lr 内，轮廓纵坐标值 $z(x)$ 绝对值的算术平均数，如图 5-10 所示，

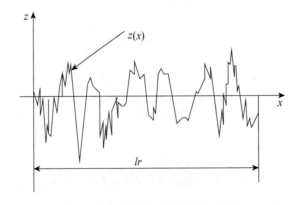

图 5-10　表面粗糙度轮廓纵坐标值

即

$$R_a = \frac{1}{lr} \int_0^{lr} |z(x)| \, dx$$

（2）表面粗糙度轮廓的均方根偏差 R_q.

在取样长度 lr 内，轮廓纵坐标值 $z(x)$ 的均方根，即

$$R_q = \sqrt{\frac{1}{lr} \int_0^{lr} z^2(x)\,\mathrm{d}x}$$

（3）表面粗糙度轮廓的偏斜度 R_{sk}.

在取样长度 lr 内，轮廓纵坐标值 $z(x)$ 三次方的平均值与 R_q 的三次方的比值，即

$$R_{sk} = \frac{1}{R_q^3}\left[\frac{1}{lr} \int_0^{lr} z^3(x)\,\mathrm{d}x\right]$$

偏斜度用来表征轮廓分布的对称度.

（4）表面粗糙度轮廓的陡峭度 R_{ku}.

在取样长度 lr 内，轮廓纵坐标值 $z(x)$ 四次方的平均值与 R_q 的四次方的比值，即

$$R_{ku} = \frac{1}{R_q^4}\left[\frac{1}{lr} \int_0^{lr} z^4(x)\,\mathrm{d}x\right]$$

陡峭度用来描述纵坐标值概率密度函数的陡峭程度.

> 知识点链接：高等数学——定积分　积分计算　高阶导数；线性代数——向量　线性
> 　　　　　方程组的求解　线性变换

第四节　机械设计的可靠性分析的数学原理

机械设计的基本变量是应力与强度. 用于零部件可靠性设计和分析的"应力—强度干涉模型"表达的是"强度大于应力的概率".

一、可靠性设计的常用指标

（一）可靠度

可靠度是指产品在规定的工作条件下和规定的时间内完成规定功能的概率. 可靠度越大，说明产品完成规定功能的可靠性越大，工作越可靠. 一般情况下，产品的可靠度是时间的函数，称为可靠性函数，用 $R(t)$ 表示.

可靠度是累积分布函数，表示在规定的时间内圆满完成工作的产品占全部工作产品的累积百分比. 设有 N 个相同的产品在相同的条件下工作，到任一给定的工作时间 t 时，累积有 $N_f(t)$ 个产品失效，剩下 $N_p(t)$ 个产品仍能正常工作. 那么，该产品到时间 t 的可靠度 $R(t)$ 为

$$R(t) = \frac{N_p(t)}{N} = \frac{N - N_f(t)}{N} = 1 - \frac{N_f(t)}{N}$$

由于 $0 \leqslant N_p(t) \leqslant N$，因而 $0 \leqslant R(t) \leqslant 1$.

（二）失效率

失效率又称故障率，表示产品工作到某一时刻后，在单位时间内发生故障的概率，用

$\lambda(t)$ 表示. 失效率越低,产品越可靠. 其数学表达式为

$$\lambda(t) = \lim_{\Delta t \to 0} \frac{n(t+\Delta t) - n(t)}{[N-n(t)]\Delta t} = \frac{\mathrm{d}n(t)}{[N-n(t)]\mathrm{d}t}$$

式中,N 为产品总数,$n(t)$ 为 N 个产品工作到 t 时刻的失效数,$n(t+\Delta t)$ 为 N 个产品工作到 $t+\Delta t$ 时刻的失效数.

失效率是衡量产品在单位时间内的失效数的数量指标.

二、机械零件的可靠性设计

机械零件的可靠性设计的基本任务是在研究故障现象的基础上,结合可靠性试验以及故障数据的统计分析,提出可供机械零件的可靠性设计的数学模型及方法. 从可靠性角度考虑,影响机电产品故障的各种因素可归纳为"应力"和"强度"两个主要因素. 因而机械零件的可靠性设计通常是从建立"应力—强度干涉模型"入手.

从广义上讲,可以将作用于零件上的应力、湿度、温度、冲击力等物理量统称为零件所受的应力,以 Y 表示;而将零件能够承受这类应力的程度统称为零件的强度,以 X 表示. 如果零件强度 X 小于应力 Y,则零件将不能完成规定的功能,称为失效. 因而,若使零件在规定的时间内可靠地进行工作,必须满足

$$Z = X - Y \geqslant 0$$

在机械零件中,可以认为强度 X 和应力 Y 是相互独立的随机变量,并且两者都是一些变量的函数,即

$$X = f_X(X_1, X_2, \cdots, X_n)$$
$$Y = g_Y(Y_1, Y_2, \cdots, Y_m)$$

其中,影响强度 X 的随机变量包括材料性能、结构尺寸、表面质量等;影响应力 Y 的随机变量有载荷分布、应力集中、润滑状态、环境温度等. 两者具有相同的量纲,其概率密度曲线可以在同一坐标系中表示,如图 5-11 所示.

由应力—强度概率密度曲线可知,两曲线有相互搭接的阴影区域,即零件可能出现失效的干涉区. 干涉区的面积越小,零件的可靠性就越高;反之,可靠性越低.

零件应力—强度概率密度曲线即为零件可靠性设计的基本模型,也称为应力—强度干涉模型.

若已知随机变量 X 和 Y 的分布规律,利用应力—强度干涉模型,可以求得零件的可靠度和失效率. 设零件的可靠度为 R,则 $R = P(X-Y \geqslant 0) = P(Z \geqslant 0)$ 表示随机变量 $Z = X - Y \geqslant 0$ 的概率,则累计的失效率为 $\lambda = 1 - R = P(Z < 0)$ 表示随机变量 $Z < 0$ 的概率.

设随机变量 X,Y 的概率密度函数分别为 $f(x)$ 和 $g(y)$,$Z = X - Y$ 为干涉随机变量,X,Y 的取值分布区域均为 $(0, \infty)$,则干涉随机变量 Z 的概率密度函数为

$$h(z) = \int_y f(z+y)g(y)\mathrm{d}y$$

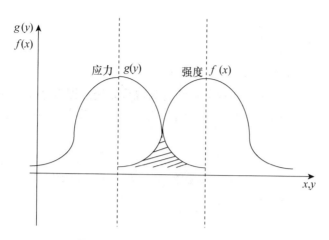

图 5－11　机械零件的应力与强度

当 $Z \geqslant 0$ 时，$h(z) = \int_0^\infty f(z+y)g(y)\mathrm{d}y$.

当 $Z < 0$ 时，$h(z) = \int_{-y}^0 f(z+y)g(y)\mathrm{d}y$.

那么，零件的失效率 λ 和可靠度 R 分别为

$$\lambda = \int_{-\infty}^0 h(z)\mathrm{d}z = \int_{-\infty}^0 \int_{-y}^0 f(z+y)g(y)\mathrm{d}z\mathrm{d}y$$

$$R = \int_0^\infty h(z)\mathrm{d}z = \int_0^\infty \int_0^\infty f(z+y)g(y)\mathrm{d}z\mathrm{d}y.$$

三、机械系统的可靠性设计

系统可靠性预测是在系统方案设计阶段，为了估计系统在给定条件下的可靠性而进行的可靠性设计工作，即已知各组成单元的可靠度来计算系统总的可靠性指标.

系统的结构组成形式对系统的可靠性影响很大，对于不同的组成结构，系统总可靠度也不同. 通常，系统有串联、并联和混合型等不同组成结构.

（1）串联系统的可靠度计算.

若在组成系统的 n 个元件中，只要有一个元件失效，系统就不能完成规定的功能，则称该系统为串联系统.

设各元件的失效事件是相互独立的，其可靠度分别为 R_1，R_2，$\cdots$，R_n，则由概率乘法定理可知，由 n 个元件组成的串联系统的可靠度 R_s 为

$$R_s = R_1 R_2 \cdots R_n = \prod_{i=1}^n R_i.$$

（2）并联系统的可靠度计算.

若在组成系统的 n 个元件中，只有在所有元件全部失效的情况下整个系统才失效，则称该系统为并联系统.

并联系统的可靠度为

$$R_S = 1 - \prod_{i=1}^{n}(1 - R_i)$$

（3）混合系统的可靠度计算.

由串联系统和并联系统组合而成的系统称为混合系统. 混合系统的可靠度的计算方法是先将纯并联的同组单元转化为一个等效的串联单元，然后按照串联系统的可靠度计算方法进行计算.

知识点链接：高等数学——多元函数积分学；概率论与数理统计——随机变量的独立性　随机变量的分布

第五节　可靠性参数的随机性与计算

一、载荷及其统计特征

可靠性表达的是产品正常服役环境中正常工作的能力. 载荷是表征环境效应（机械载荷、温度、腐蚀强度等）的广义参数，是可靠性的重要控制变量之一.

例如，汽车行驶过程中零部件所受的载荷取决于载重、道路、操作等诸多因素，每一时刻所受到的载荷都是一个随机变量. 工程结构所承受的风、浪、地震等载荷也都需要用随机变量来描述. 对于可靠性预测而言，同一批产品的不同个体所承受的载荷是有差异的，完整、准确地表达载荷及其统计特性是进行可靠性计算的前提.

在机械结构与零部件可靠性设计中，常用的载荷参数是应力和变形. 应力的大小除与载荷有关外，还取决于结构零部件的几何尺寸与形状，因此应力是以上因素的函数.

由于制造过程中存在诸多不确定的因素，因此零部件的尺寸与形状也是随机变量. 通常，零部件的容许偏差可以用于估计其尺寸分布的标准差. 根据统计学中的"3σ准则"可以计算载荷的均值与标准差.

在一般情况下，可以认为尺寸 x 服从正态分布，但其定义域是一个有限区间. 考虑到正态分布的统计特性，如果忽略三倍标准差范围以外的小概率事件，则当已知尺寸数据为 $x \pm \Delta x$ 时，可以根据"3σ准则"确定其均值 μ_x 和标准差 σ_x，即 $\mu_x = x$，$\sigma_x = \dfrac{\Delta x}{3}$；这里用到了概率论与数理统计中正态分布的"$3\sigma$准则".

二、一般随机变量的分布参数的计算

通常采用概率论中的矩法计算随机变量函数的均值与标准差，这是通过泰勒级数展开式近似实现的. 对于 n 维函数 $y = f(x_1, x_2, \cdots, x_n)$，当 $x_1, x_2, \cdots, x_n$ 相互独立且各随机变量的变异系数 $C_{x_i} = \sigma_{x_i}/\mu_{x_i}$ 都很小时（如小于 0.1），可以用此方法.

以一维随机变量为例，设 $Y = f(X)$，X 为一维随机变量，均值为 μ，将 $Y = f(X)$ 在 $X = \mu$ 处展开成泰勒级数

$$Y = f(X) = f(\mu) + (X-\mu)f'(\mu) + \frac{1}{2}(X-\mu)^2 f''(\mu) + o$$

式中，o 为余项.

进而有

$$E(Y) = E[f(\mu)] + E[(X-\mu)f'(\mu)] + E\left[\frac{1}{2}(X-\mu)^2 f''(\mu)\right] + E(o)$$

$$\approx f(\mu) + \frac{1}{2}f''(\mu)V(X)$$

E 表示数学期望，V 表示方差.

对上述泰勒级数展开式忽略二次项后取方差，得

$$V(Y) = V[f(\mu)] + V[(X-\mu)f'(\mu)] + V(o)$$
$$= V[(X-\mu)][f'(\mu)]^2 + V(o) = V(X)[f'(\mu)]^2$$

即 $V(Y) = V(X)[f'(\mu)]^2$.

> 知识点链接：概率论与数理统计——随机变量　概率分布　矩法　3σ 准则　数学期望方差

第六节　疲劳强度可靠性设计方法

疲劳失效是结构零部件在交变载荷作用下的一种失效形式. 疲劳失效过程一般包括裂纹形成、裂纹亚稳态扩展和失稳扩展三个状态.

一、轮盘可靠度

轮盘的不可靠度为

$$F(t) = 1 - \exp\left[-\left(\frac{t-t_0}{\eta}\right)^m\right]$$

其中，t_0 为位置参数，即最小保证寿命；m 为形状参数；η 为尺度参数.

任一时刻，轮盘的可靠度为

$$R(t) = 1 - F(t) = \exp\left[-\left(\frac{t-t_0}{\eta}\right)^m\right]$$

二、载荷多次作用情况下的零部件可靠性模型

设零部件强度 S 的概率密度函数为 $f(S)$，载荷 s 的累积分布函数和概率密度函数分别为 $H(s)$ 和 $h(s)$，当载荷 s 作用 m 次时，随机载荷多次作用下的零部件可靠度计算模型为

$$R^{(m)} = \int_{-\infty}^{+\infty} m\left[H(s)\right]^{m-1} h(s) \int_{s}^{+\infty} f(S)\mathrm{d}S\mathrm{d}s$$

三、零部件动态可靠性模型

（一）强度不退化时的零部件动态可靠性模型

当载荷作用次数 $N(t)$ 服从参数为 $\lambda(t)$ 的泊松随机过程时，工作到时刻 t 载荷出现 m 次的概率为

$$P(N(t) - N(0) = m) = \frac{\left[\int_{0}^{t}\lambda(t)\mathrm{d}t\right]^m}{m!}\exp\left[-\int_{0}^{t}\lambda(t)\mathrm{d}t\right]$$

在零部件强度不退化的情况下，零部件工作到时刻 t 的可靠度为

$$R(t) = \int_{-\infty}^{+\infty} f(S)\exp\left\{\left[H(S)-1\right]\int_{0}^{t}\lambda(t)\right\}\mathrm{d}S$$

在零部件强度不退化的情况下，零部件的失效率为

$$h(t) = \frac{\int_{-\infty}^{+\infty} f(S)\left[1-H(S)\right]\lambda(t)\exp\left\{\left[H(S)-1\right]\int_{0}^{t}\lambda(t)\right\}\mathrm{d}S}{\int_{-\infty}^{+\infty} f(S)\exp\left\{\left[H(S)-1\right]\int_{0}^{t}\lambda(t)\right\}\mathrm{d}S}$$

（二）强度随时间退化时的零部件动态可靠性模型

假设零部件在任意时刻 t 的强度 S_t 取决于零部件初始强度 S 和时间 t，即零部件在时刻 t 的强度 S_t 可表示为初始强度 S 和时间 t 的函数. 当初始强度 S 为随机变量且其概率密度函数为 $f(S)$ 时，强度退化时零部件的可靠度为

$$R(t) = \int_{-\infty}^{+\infty} f(S)\exp\left\{\int_{0}^{t}\left[H(S,t)-1\right]\lambda(t)\mathrm{d}t\right\}\mathrm{d}S$$

在零部件强度退化的情况下，零部件的失效率为

$$h(t) = \frac{\int_{-\infty}^{+\infty} f(S)\left[1-H(S,t)\right]\lambda(t)\exp\left\{\int_{0}^{t}\left[H(S,t)-1\right]\lambda(t)\mathrm{d}t\right\}\mathrm{d}S}{\int_{-\infty}^{+\infty} f(S)\exp\left\{\int_{0}^{t}\left[H(S,t)-1\right]\lambda(t)\mathrm{d}t\right\}\mathrm{d}S}$$

四、随机载荷下疲劳可靠性计算

令 $f_i(N)$ 为在循环应力 σ_i 下的寿命的概率密度函数，$f_i(n,t)$ 为应力循环数的概率密度函数. 当载荷循环数 n 大于相应的疲劳寿命 N 时发生疲劳失效.

因此，疲劳的可靠度定义为

$$R(t) = P(n < N)$$

根据载荷循环数—疲劳干涉分析，可以推导出疲劳可靠度函数为

$$R(t) = \int_0^{+\infty} f(N) \left[\int_0^N f(n, t) \mathrm{d}n \right] \mathrm{d}N$$

五、载荷多次作用下的系统可靠性模型

当随机载荷作用 m 次时，

（1）串联系统的可靠度：

$$R_{series}^{(m)} = \int_{-\infty}^{+\infty} \left[1 - F(s) \right]^n m \left[H(s) \right]^{m-1} h(s) \mathrm{d}s$$

（2）并联系统的可靠度：

$$R_{parallel}^{(m)} = \int_{-\infty}^{+\infty} \left\{ 1 - \left[F(s) \right]^n \right\} m \left[H(s) \right]^{m-1} h(s) \mathrm{d}s$$

（3）k/n 系统的可靠度：

$$R_{k/n} = \int_{-\infty}^{+\infty} \left\{ \sum_{i=k}^n C_n^i \left[1 - F(s) \right]^i \left[F(s) \right]^{n-i} \right\} m \left[H(s) \right]^{m-1} h(s) \mathrm{d}s.$$

> **知识点链接**：高等数学——定积分；概率论与数理统计——随机变量及其分布

第6章 材料力学中的
数学模型

本章讨论了平面图形的几何性质，包括静矩和形心、惯性矩和惯性积、平行移轴公式、转轴公式和主惯性轴；讨论了轴向拉伸和压缩中的基础数学模型，包括拉杆内的应力、拉杆的变形、拉杆内的应变能定义；分析了扭转中的数学模型，包括薄壁圆筒的扭转的扭转角、等直圆杆扭转时的应变能等内容；分析了弯曲应力中的数学模型——弯矩、剪力与分布荷载集度，还对梁弯曲变形时的数学度量——梁的位移（挠度及转角）、梁的挠曲线近似微分方程及其积分以及两端铰支细长压杆的临界力进行了分析. 本章主要参考了文献 [22]、[23]、[24]、[25]、[26]、[27].

第一节 静矩和形心

一、静矩

设有一任意截面图形如图 6-1 所示，其面积为 A，选取直角坐标系 yOz，在坐标 (y, z) 处取一微小面积 dA，定义微面积 dA 与到 y 轴的距离 z 的乘积沿整个截面的积分为图形对 y 轴的静矩 S_y，其数学表达式为

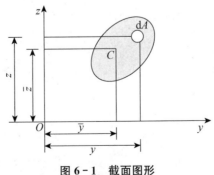

图 6-1 截面图形

$$S_y = \int_A z \mathrm{d}A \tag{6.1}$$

同理，图形对 z 轴的静矩为

$$S_z = \int_A y \mathrm{d}A \tag{6.2}$$

常用的单位为 m^2 和 mm^2.

确定截面图形的形心位置（图 6-1 中 C 点）时，借助理论力学中等厚均质薄片重心的概念，当薄片的形状与我们所研究的截面图形形状相同且薄片厚度取值非常小时，薄片的重心就是该截面图形的形心，即

$$y_c = \frac{\int_A y \mathrm{d}A}{A} = \frac{S_z}{A} \tag{6.3}$$

$$z_c = \frac{\int_A z \mathrm{d}A}{A} = \frac{S_y}{A} \tag{6.4}$$

例 1　已知半圆形截面半径为 R（见图 6-2），试计算其静矩 S_y，S_z 及形心坐标值 y_c，z_c.

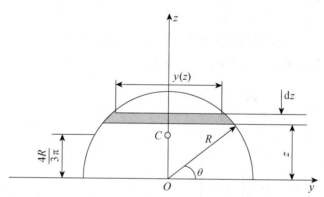

图 6-2　截面图形的形心位置

解：（1）计算 S_y，S_z. 取 $\mathrm{d}A = b(z)\mathrm{d}z = 2 \times \sqrt{R^2 - z^2}\,\mathrm{d}z$，代入式 (6.1)，得

$$S_y = \int_A z \mathrm{d}A = \int_0^R 2 \times \sqrt{R^2 - z^2}\, z \mathrm{d}z = -\int_0^R \sqrt{R^2 - z^2}\, \mathrm{d}(R^2 - z^2) = \frac{2}{3} R^3$$

由于 z 为对称轴，故

$$S_z = 0$$

（2）计算 y_c，z_c. 由式（6.3）和式（6.4）求得

$$y_c = \frac{S_z}{A} = 0, \quad z_c = \frac{S_y}{A} = \frac{\dfrac{2}{3}R^3}{\dfrac{1}{2}\pi R^2} = \frac{4R}{3\pi}$$

在计算 S_y 时，用三角函数表示 $\mathrm{d}A$ 也很方便．因为 $z=R\sin\theta$，$\mathrm{d}z=R\cos\theta\mathrm{d}\theta$，所以

$$\mathrm{d}A=2R\cos\theta\mathrm{d}z=2R^2\cos^2\theta\mathrm{d}\theta$$

$$S_y=\int_A z\mathrm{d}A=\int_0^{\frac{\pi}{2}}R\sin\theta\cdot 2R^2\cos^2\theta\mathrm{d}\theta=\frac{2}{3}R^3$$

两种计算结果相同．

二、组合截面图形的静矩和形心

由若干个简单图形组合成的截面称为组合截面图形．由静矩的定义可知，截面各组成部分对某一轴的静矩的代数和等于此组合截面图形对该轴的静矩，即

$$S_y=\sum_{i=1}^{n}A_i z_i,\quad S_z=\sum_{i=1}^{n}A_i y_i$$

式中，A_i，y_i，z_i 分别表示第 i 个简单图形的面积及其形心坐标值，n 为组成组合图形的简单图形的个数．组合截面图形的形心坐标计算公式为

$$y_c=\frac{\sum\limits_{i=1}^{n}A_i y_i}{\sum\limits_{i=1}^{n}A_i},\quad z_c=\frac{\sum\limits_{i=1}^{n}A_i z_i}{\sum\limits_{i=1}^{n}A_i}$$

例 2 对于如图 6-3 所示的截面图形，试求其形心位置．

解：（1）选取参考轴 y，z，如图 6-3 所示．

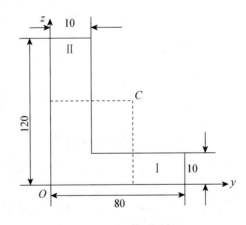

图 6-3 截面图形

（2）将图形分成 Ⅰ、Ⅱ 两个矩形．

（3）按照形心计算公式，计算形心坐标值

$$y_c=\frac{\sum\limits_{i=1}^{2}A_i y_i}{\sum\limits_{i=1}^{2}A_i}=\frac{70\times10\times45+120\times10\times5}{70\times10+120\times10}\approx19.74$$

$$z_c = \frac{\sum_{i=1}^{2} A_i z_i}{\sum_{i=1}^{2} A_i} = \frac{70 \times 10 \times 5 + 120 \times 10 \times 60}{70 \times 10 + 120 \times 10} \approx 39.74$$

三、惯性矩和惯性积

任意截面图形如图 6-4 所示，设选取直角坐标系 yOz，在坐标（y，z）处取一微小面积 dA，对整个截面图形面积进行积分

$$I_y = \int_A z^2 \, dA$$

$$I_z = \int_A y^2 \, dA$$

分别称为截面图形对 y 轴和 z 轴的**惯性矩**. 惯性矩又称截面二次矩，常用单位为 m^4 或者 mm^4.

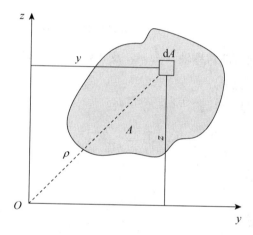

图 6-4　截面图形

若微面积 dA 到坐标原点的距离为 ρ，则对整个截面面积的积分

$$I_p = \int_A \rho^2 \, dA$$

称为**极惯性矩**. 由于 $\rho^2 = y^2 + z^2$，所以有

$$I_p = \int_A \rho^2 \, dA = \int_A (y^2 + z^2) \, dA = \int_A y^2 \, dA + \int_A z^2 \, dA = I_y + I_z$$

在截面图形中，取微小面积 dA，对整个截面面积的积分

$$I_{yz} = \int_A yz \, dA$$

称为截面图形对 y 轴和 z 轴的**惯性积**.

例 3 试求图 6-5 所示的矩形截面对其两对称轴的惯性矩和惯性积.

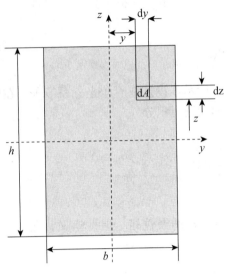

图 6-5　矩形截面

解：取形心主惯性轴（即对称轴）y，z，及 $dA=dydz$，代入计算公式，得

$$I_y = \int_A z^2 dA = \int_{-\frac{h}{2}}^{\frac{h}{2}} \int_{-\frac{b}{2}}^{\frac{b}{2}} z^2 dy \cdot dz = \frac{bh^3}{12}$$

$$I_z = \int_A y^2 dA = \int_{-\frac{h}{2}}^{\frac{h}{2}} \int_{-\frac{b}{2}}^{\frac{b}{2}} y^2 dy \cdot dz = \frac{b^3 h}{12}$$

$$I_{yz} = \int_A yz dA = 0$$

四、平行移轴公式

截面图形对同一平面内相互平行的两个轴的惯性矩和惯性积存在内在关系，当其中一个轴是形心轴时，这种关系比较简单. 下面导出这一关系式.

设图 6-6 所示的任意截面图形的面积为 A，在图形平面内有通过其形心 C 的一对正交轴 y_c 和 z_c，以及与它们分别平行的另一对正交轴 y 和 z，图形的形心在 yOz 坐标系的坐标为 (b, a).

根据定义，截面对形心轴的惯性矩、惯性积分别为

$$I_{y_c} = \int_A z_c^2 dA, \quad I_{z_c} = \int_A y_c^2 dA, \quad I_{y_c z_c} = \int_A y_c z_c dA$$

截面对 y，z 轴的惯性矩、惯性积分别为

$$I_y = \int_A z^2 dA, \quad I_z = \int_A y^2 dA, \quad I_{yz} = \int_A yz dA$$

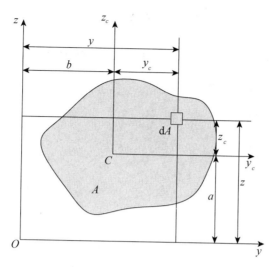

图 6 - 6　任意截面图形

由图 6 - 6 可知 $y = y_c + b$，$z = z_c + a$，代入上式，得

$$I_y = \int_A z^2 \mathrm{d}A = \int_A (z_c + a)^2 \mathrm{d}A = \int_A z_c^2 \mathrm{d}A + 2a \int_A z_c \mathrm{d}A + a^2 \int_A \mathrm{d}A$$

由于 y_c 和 z_c 轴通过形心，所以 $S_{y_c} = 0$，由此可得

$$I_y = I_{y_c} + a^2 A$$
$$I_z = I_{z_c} + b^2 A$$
$$I_{yz} = I_{y_c z_c} + abA$$

以上三式称为惯性矩和惯性积的平行移轴公式.

五、转轴公式和主惯性轴

设任一截面图形如图 6 - 7 所示. 对坐标轴 y 轴和 z 轴的惯性矩、惯性积为 I_y，I_z，I_{yz}，均已知. 若将坐标系 yOz 绕坐标原点旋转 α 角（转角规定逆时针为正），得到新的坐标系 y_1Oz_1.

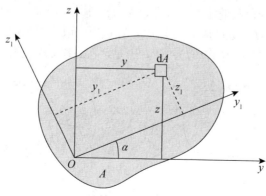

图 6 - 7　截面图形

截面图形对 y_1 轴和 z_1 轴的惯性矩与惯性积为

$$I_{y_1} = \int_A z_1^2 \mathrm{d}A, \quad I_{z_1} = \int_A y_1^2 \mathrm{d}A, \quad I_{y_1 z_1} = \int_A y_1 z_1 \mathrm{d}A$$

微面积 $\mathrm{d}A$ 的新旧坐标的转换关系为

$$y_1 = y\cos\alpha - z\sin\alpha$$
$$z_1 = z\cos\alpha + y\sin\alpha$$

将上式代入，得

$$I_{y_1} = \frac{I_y + I_z}{2} - \frac{I_y - I_z}{2}\cos 2\alpha - I_{yz}\sin 2\alpha$$

$$I_{z_1} = \frac{I_y + I_z}{2} + \frac{I_y - I_z}{2}\cos 2\alpha + I_{yz}\sin 2\alpha$$

$$I_{y_1 z_1} = \frac{I_z - I_y}{2}\sin 2\alpha + I_{yz}\cos 2\alpha$$

上式称为**惯性矩和惯性积的转轴公式**.

> **知识点链接**：高等数学——积分　矩　平面图形的形心　转动惯量；线性代数——向量的旋转

第二节　轴向拉伸和压缩中的基础数学模型

工程中有很多构件，除连接部分外都是等直杆，作用于杆上的外力的作用线与杆轴线重合．在这种受力情况下，等直杆的主要变形是纵向伸长或缩短．本章研究其变化期间的基础数学模型.

一、应力拉杆内的应力

在材料力学中，要判断杆是否因强度不足而被破坏，需要知道度量分布内力大小的分布内力集度，以及材料承受荷载的能力．应力是受力杆件某一截面上一点处的内力集度．若考察受力杆截面 $m-m$ 上 M 点处的应力，则可在 M 点周围取一很小的面积 ΔA（如图 6-8(a) 所示），设 ΔA 面积上分布内力的合力为 ΔF，于是，在面积 ΔA 上内力 ΔF 的平均集度为

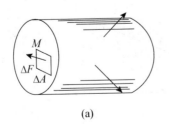
(a)

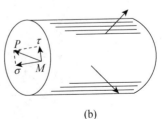
(b)

图 6-8　受力杆件

$$p_m = \frac{\Delta F}{\Delta A}$$

式中，p_m 称为面积 ΔA 上的平均应力．一般地说，截面 $m-m$ 上的分布内力并不是均匀的，因而，平均应力 p_m 的大小和方向将随所取的微小面积 ΔA 的大小而不同．为表明分布内力在 M 处的集度，令微小面积 ΔA 无限缩小而趋于零，则其极限值

$$P = \lim_{\Delta A \to 0} \frac{\Delta F}{\Delta A} = \frac{\mathrm{d}F}{\mathrm{d}A}$$

即为点 M 处的内力集度，称为截面 $m-m$ 上点 M 处的总应力．由于 ΔF 是矢量，因此总应力 P 也是矢量，总应力 P 分解为截面垂直的法向分量 σ 以及与截面相切的切向分量 τ（如图 $6-8$(b) 所示），法向分量 σ 称为正应力，切向分量 τ 称为切应力．

二、拉杆的变形

设拉杆的原长为 l，承受一对轴向拉力 F 的作用而伸长后，其长度增为 l_1，则杆的纵向伸长为

$$\Delta l = l_1 - l \tag{6.5}$$

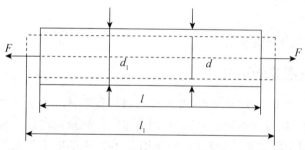

图 6-9　拉杆受拉力 F 的作用

纵向伸长 Δl 只反映杆的总变形量，而无法说明沿杆长度方向上各段的变形程度．由于拉杆各段的伸长是均匀的，因此，其变形程度可以用每单位长度的纵向伸长即 $\frac{\Delta l}{l}$ 来表示．每单位长度的伸长（或缩短）称为线应变，并用记号 ε 表示．于是，拉杆的纵向线应变 ε 为

$$\varepsilon = \frac{\Delta l}{l} \tag{6.6}$$

由式（6.5）可知，拉杆的纵向伸长 Δl 为正，压杆的纵向缩短 Δl 为负．故线应变在伸长时为正，缩短时为负．

必须指出，式（6.6）所表达的是在长度 l 内的平均线应变，当沿杆长度均匀变形时，就等于沿长度各点处的纵向应变．当沿杆长度为非均匀变形时（如一等直杆在自重作用下的变形），式（6.6）并不反映沿长度各点处的纵向线应变．为研究一点处的线应变，可围绕该点取一个很小的正六面体，如图 $6-10$ 所示．

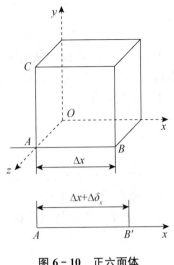

图 6-10　正六面体

设所取正六面体沿 x 轴方向 AB 边的原长为 Δx，变形后其长度的改变量为 $\Delta\delta_x$，对于非均匀变形，比值 $\Delta\delta_x/\Delta x$ 为 AB 边的平均线应变. 当 Δx 无限缩小而趋于零时，其极限值

$$\varepsilon_x = \lim_{\Delta x \to 0} \frac{\Delta\delta_x}{\Delta x} = \frac{\mathrm{d}\delta_x}{\mathrm{d}x}$$

称为点 A 处沿 x 轴方向的线应变.

三、拉杆内的应变能定义

弹性体在受力后要发生变形，同时弹性体内将积蓄能量. 为了计算这种能量，现以受重力作用且仅发生弹性变形的拉杆为例，利用能量守恒原理找出外力所作的功与弹性体内所积蓄的能量在数量上的关系. 设杆的上端固定，在其下端的小盘逐渐增加重量. 每增加一点重量，杆将相应地有一点伸长，已在盘上的重物也相应地下沉，因而重物的位能将减少. 由于重量是逐渐增加的，故在加载过程中，可认为杆没有动能改变. 按能量守恒原理，略去其他微小的能量损耗不计，重物失去的位能将全部转变为积蓄在杆内的能量. 因为杆的变形是弹性变形，故在卸除荷载以后，各种能量又随变形的消失而转换为其他形式的能量. 这种伴随着弹性变形的增减而改变的能量称为应变能. 在所讨论的情况下，应变能就等于重物所失去的位能.

因为重物失去的位能在数值上等于它下沉时所作的功，所以杆内的应变能在数值上就等于重物在下沉时所作的功.

一般地，可认为在弹性体的变形过程中，积蓄在弹性体内的应变能 V_ε 在数值上等于外力所作的功 W，即 $V_\varepsilon = W$. 这称为弹性体的功能原理.

知识点链接：高等数学——导数定义

第三节 扭转中的数学模型

一、薄壁圆筒的扭转

（一）扭矩

设一薄壁圆筒的壁厚 δ 远小于半径 r，其两端面承受产生扭转变形的外力偶矩 M_e. 由截面法可知，圆筒任一横截面 $n-n$ 处的内力将是作用在该截面上的力偶，该内力偶矩称为扭矩，并用 T 表示.

$$T = \int_A \tau \cdot r \mathrm{d}A \tag{6.7}$$

τ 表示横截面上任一点处的切应力，值均等，方向与圆周相切. 如果薄壁圆筒半径 r 非常量，一般取其平均半径 r_0 代替.

$$\int_A \mathrm{d}A = A = 2\pi r_0 \delta \tag{6.8}$$

为圆筒截面面积，δ 为薄壁壁厚.

若切应力 τ 在横截面上随点的变化而变化，则扭矩要进行积分计算.

（二）扭转角

圆筒两端截面之间相对移动的角位移称为相对扭转角，并用 φ 表示. 而圆筒表面上每个格子的直角都改变了相同的角度 γ，这种直角的改变量 γ 称为切应变. 薄壁圆筒表面上的切应变 γ 和相距为 l 的两端面间的相对扭转角 φ 之间有如下关系：

$$\gamma = \varphi r / l \tag{6.9}$$

r 为薄壁圆筒的外半径.

这个切应变和横截面上沿圆周切线方向的切应力是对应的. 由于相邻两圆周线间每个格子的直角改变量相等，并由材料均匀连续的假设可知，沿圆周各点处切应力的方向与圆周相切，其数值相等. 对于切应力沿壁厚方向的变化规律，由于壁厚 δ 远小于其平均半径 r_0，故可近似地认为沿壁厚方向各点处切应力的数值无变化.

通过薄壁圆筒的扭转实验发现，当外力偶矩在某一范围内时，相对扭转角 φ 与外力偶矩 M_e（在数值上等于扭矩 T）之间成正比，结合式（6.7）和式（6.9），计算得 τ 与 γ 间的线性关系为

$$\tau = G\gamma$$

这是材料的剪切胡克定律，其中的比例常数 G 为材料的切变模量.

应该注意，剪切胡克定律只有在切应力不超过材料的某一极限值时才是适用的.

二、等直圆杆扭转时的变形

等直圆杆的扭转变形是用两个横截面绕杆轴转动的相对角位移（即相对扭转角 φ）来

度量的.

根据静力学极惯性矩，有如下公式

$$\frac{\mathrm{d}\varphi}{\mathrm{d}x} = \frac{T}{GI_p}$$

式中，T 为横截面上的扭矩，I_p 为横截面的极惯性矩，G 为剪切弹性模量，其中 $\mathrm{d}\varphi$ 为相距 $\mathrm{d}x$ 的两横截面的相对扭转角.

因此，长为 l 的一段杆的两端面间的相对扭转角 φ 为

$$\varphi = \int_l \mathrm{d}\varphi = \int_0^l \frac{T}{GI_p} \mathrm{d}x$$

当等直圆杆仅在两端受一对外力偶作用时，则所有横截面上的扭矩 T 均相同，且等于杆端的外力偶矩 M_e. 此外，对于用同一材料制成的等直圆杆，G 及 I_p 亦为常量. 于是由上式可得

$$\varphi = \frac{M_e l}{GI_p}$$

或

$$\varphi = \frac{Tl}{GI_p}$$

由上式可见，相对扭转角 φ 与 GI_p 成反比，GI_p 称为等直圆杆的扭转刚度.

三、等直圆杆扭转时的应变能

当圆杆扭转时，杆内将积蓄应变能. 由于杆件各横截面上的扭矩可能变化，同时，横截面上各点处的切应力也随该点到圆心的距离而改变，因此对于杆内应变能的计算，应先求出纯剪切应力状态下的应变能密度，再计算全杆内所积蓄的应变能. 如图 6-11 所示，单元体在变形后，侧面将向下移动 $\gamma \mathrm{d}x$. 由于切应变 γ 值很小，因此在变形过程中，上下两面上的外力将不作功，只有右侧面上的外力 $\tau \mathrm{d}y\mathrm{d}z$ 对相应的位移 $\gamma \mathrm{d}x$ 作功. 当材料在线弹性范围内工作时，单元体上外力所作的功为

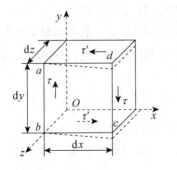
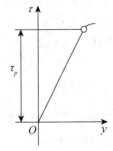

图 6-11

$$dW = \frac{1}{2}(\tau dy dz)(\gamma dx) = \frac{1}{2}\tau\gamma(dx dy dz)$$

由于单元体内所积蓄的应变能 dV_ε 数值上等于 dW，因此可得单位体积内的应变能（即应变能密度）v_ε 为

$$v_\varepsilon = \frac{dV_\varepsilon}{dV} = \frac{dW}{dx dy dz} = \frac{1}{2}\tau\gamma$$

由剪切胡克定律 $\tau = G\gamma$，其中 G 为材料的切变模量.

上式可改写为

$$v_\varepsilon = \frac{\tau^2}{2G}$$

或

$$v_\varepsilon = \frac{G}{2}\gamma^2$$

求得纯剪切应力状态下的应变能密度 v_ε 后，等直圆杆在扭转时积蓄在杆中的应变能 V_ε 即可由积分计算：

$$V_\varepsilon = \int_V v_\varepsilon dV = \int_l \int_A v_\varepsilon dA dx$$

式中，V 为杆的体积，A 为杆的横截面积，l 为杆长.

> 知识点链接：高等数学——导数定义　微元法

第四节　弯曲应力中的数学模型

弯矩、剪力与分布荷载集度

为了计算梁的应力和位移，应先确定梁在外力作用下任一横截面上的内力. 当作用在梁上的全部外力（包括荷载和支反力）均已知时，由截面法即可求出其内力.

设简支梁承受集中力 F，已求得支反力为 F_A 和 F_B. 取 A 点为坐标轴 x 的原点，为计算坐标为 x 的任一截面 $m-m$ 上的内力，应用截面法沿横截面 $m-m$ 假想地把梁截为两段. 分析梁的左段，因为这段梁上有向上的外力 F_A，为满足沿 y 轴方向力的平衡条件，故在横截面 $m-m$ 上必有一作用线与 F_A 平行而指向相反的内力. 设内力为 F_S，则平衡方程为

$$\sum F_y = 0, \quad F_A - F_S = 0$$

可得 $F_S = F_A$，F_S 称为剪力.

由于外力 F_A 与剪力 F_S 组成一力偶，由左段梁的平衡可知，横截面上必有一与其相平衡的内力偶. 设内力偶的矩为 M，则由平衡方程

$$\sum M_C = 0, \quad M - F_A x = 0$$
$$M = F_A x$$

矩心 C 为横截面 $m-m$ 的形心. 内力偶矩 M 称为弯矩.

一般情况下，梁横截面上的剪力和弯矩是随横截面的位置而变化的.

设横截面沿梁轴线的位置用坐标 x 表示，则梁的各个横截面上的剪力和弯矩可以表示为坐标 x 的函数，即

$$F_S = F_S(x)$$
$$M = M(x)$$

以上方程分别称为梁的剪力方程和弯矩方程.

将弯矩函数 $M(x)$ 对 x 求导数，即得剪力函数 $F_S(x)$；将剪力函数 $F_S(x)$ 对 x 求导数，即得均布荷载的集度 q，指的是荷载的集中程度. 事实上，这些关系在直梁中是普遍存在的.

设梁上有任意分布荷载（如图 6-12（a）所示），其集度

$$q = q(x)$$

是 x 的连续函数，并规定以向上为正. 现将 x 轴的坐标原点取在梁的左端. 用坐标为 x 和 $x+\mathrm{d}x$ 处的两横截面（如图 6-12（b）所示）. 设坐标 x 处横截面上的剪力和弯矩分别为 $F_S(x)$ 和 $M(x)$，该处的荷载集度为 $q(x)$，并均设为正值，则在坐标 $x+\mathrm{d}x$ 处横截面的剪力和弯矩将分别为 $F_S(x) + \mathrm{d}F_S(x)$ 和 $M(x) + \mathrm{d}M(x)$. 梁段在以上所有外力作用下应处于平衡. 由于 $\mathrm{d}x$ 很小，可以略去荷载集度沿 $\mathrm{d}x$ 长度的变化，于是，由梁段的平衡方程

$$\sum F_y = 0, \quad F_S(x) - [F_S(x) + \mathrm{d}F_S(x)] + q(x)\mathrm{d}x = 0$$

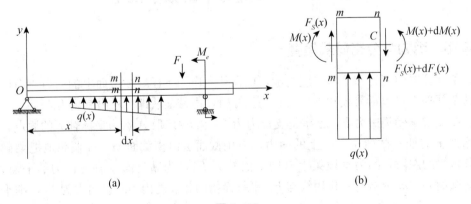

(a)   (b)

图 6-12

从而得到

$$\frac{\mathrm{d}F_S(x)}{\mathrm{d}x}=q(x) \tag{6.10}$$

以及 $\sum M_C = 0$，

$$[M(x)+\mathrm{d}M(x)]-M(x)-F_S(x)\mathrm{d}x-q(x)\mathrm{d}x\cdot\frac{\mathrm{d}x}{2}=0$$

略去二阶无穷小项，即得

$$\frac{\mathrm{d}M(x)}{\mathrm{d}x}=F_S(x) \tag{6.11}$$

由式（6.10）和式（6.11）又可得

$$\frac{\mathrm{d}^2 M(x)}{\mathrm{d}x^2}=q(x) \tag{6.12}$$

式（6.10）至（6.12）三式就是弯矩 $M(x)$、剪力 $F_S(x)$ 和荷载集度 $q(x)$ 三函数间的关系式.

知识点链接：高等数学——微分方程

第五节　梁弯曲变形时的数学度量

一、梁的位移——挠度及转角

度量梁变形后横截面位移的两个基本量：一是横截面的形心（即轴线上的点）在垂直于 x 轴方向上的线位移 w，称为该截面的挠度；二是横截面对其原来位置的角位移 θ，称为该截面的转角. 由于梁变形后的轴线是一条光滑的连续曲线 AC_1B，横截面仍与曲线保持垂直. 因此，横截面的转角 θ 也就是曲线在该点处的切线与 x 轴之间的夹角，如图 6-13 所示.

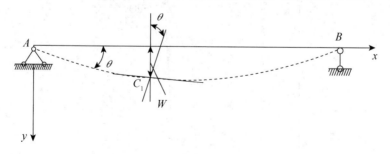

图 6-13

由于曲率难以度量，且在实际工程中梁的变形程度还要受到支座约束的影响，而横截面的位移量 w 和 θ 不但与曲率大小有关，还与梁的支座约束有关，因此，通常用这两个位移量反映梁的变形情况. 因此，在选定坐标系后，梁变形后的轴线（即曲线 AC_1B）可表达为

$$w = f(x)$$

式中，x 为梁在变形前轴线上任一点的横坐标，w 为该点的挠度. 梁变形后的轴线称为挠曲线，由于是在线弹性范围内的挠曲线，所以也称为弹性曲线，上述表达式则称为挠曲线.

上述方程还可以求得转角 θ 的表达式. 因为挠曲线是一平坦曲线，故有

$$\theta \approx \tan\theta = w' = f'(x)$$

亦即挠曲线上任一点处切线的斜率 w' 可足够精确地代表该点处横截面的转角 θ，上式可称为转角方程.

由此可见，求得挠曲线方程后，就能确定梁任一横截面挠度的大小、指向及转角的数值、转向.

二、梁的挠曲线近似微分方程及其积分

为了求解梁的挠曲线方程，可应用中性层曲率表示弯曲变形公式，即

$$\frac{1}{\rho} = \frac{M}{EI_z} \tag{6.13}$$

式中，I_z 为横截面对中性轴 z 的惯性矩.

式（6-13）是梁在纯弯曲时建立的，对于横力弯曲的细长梁，忽略剪力后仍可应用，但这时 ρ 和 M 均为 x 的函数，上式可以改写为

$$\frac{1}{\rho(x)} = \frac{M(x)}{EI_z} \tag{6.14}$$

式中，$\dfrac{1}{\rho(x)}$ 和 $M(x)$ 分别代表挠曲线在 x 处的曲率和弯矩.

将微分弧段 ds 放大，如图 6-14 所示，ds 两端法线的交点即为曲率中心，这就确定了曲率半径 ρ. 由高等数学可知，平面曲线的曲率可以写成

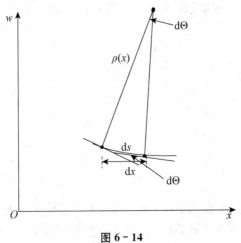

图 6-14

$$\pm\frac{\omega''}{(1+\omega'^2)^{3/2}}=\frac{1}{\rho(x)} \tag{6.15}$$

将（6.15）代入式（6.16），得到

$$\frac{\omega''}{(1+\omega'^2)^{3/2}}=\pm\frac{M(x)}{EI_z} \tag{6.16}$$

由于梁的挠曲线是平坦的曲线，转角 ω' 是一个很小的量，ω'^2 与 1 相比更加微小，可忽略不计. 上式可以近似写为

$$\omega''=\pm\frac{M(x)}{EI_z} \tag{6.17}$$

在图 6-14 的坐标系下，ω'' 的正负号与弯矩 M 相同，所以上式右端应取正号，即

$$\omega''=\frac{M(x)}{EI_z} \tag{6.18}$$

此式称为梁的挠曲线近似微分方程.

对于直梁，EI_z 为常量，求挠曲线方程可直接对式（6.18）进行积分，对 x 积分一次，得

$$EI_z\omega'=\int M(x)\mathrm{d}x+C$$

再积分一次，得

$$EI_z\omega=\int\left[\int M(x)\mathrm{d}x\right]\mathrm{d}x+Cx+D$$

式中积分常数 C，D 可利用梁支座处已知的位移条件（即边界条件）来确定.

三、两端铰支细长压杆的临界力

如图 6-15 所示，两端铰支的细长压杆在轴向压力 F 的作用下处于弯曲平衡状态，且杆内应力不超过材料的比例极限. 距原点为 x 的任意截面上的挠度为 ω，其对应的弯矩 M 为

$$M=-F\omega \tag{6.19}$$

式中，负号表示弯矩 M 与挠度 ω 的符号相反.

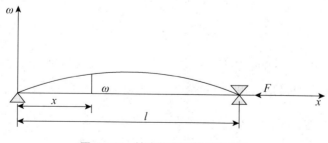

图 6-15　铰支细长压杆的临界力

压杆在发生细小的形变时，满足挠曲线近似微分方程

$$\frac{\mathrm{d}^2\omega}{\mathrm{d}x^2}=\frac{M(x)}{EI} \tag{6.20}$$

式中，EI 为杆的弯曲刚度. 压杆两端为球形铰支座时，I 应取横截面的最小形心主惯性矩.

将式（6.19）代入式（6.20），得

$$\frac{\mathrm{d}^2\omega}{\mathrm{d}x^2}=-\frac{F\omega}{EI} \tag{6.21}$$

引入记号

$$k^2=\frac{F}{EI} \tag{6.22}$$

则式（6.21）可以写成

$$\frac{\mathrm{d}^2\omega}{\mathrm{d}x^2}+k^2\omega=0 \tag{6.23}$$

这是一个二阶常系数线性微分方程，其通解为

$$\omega=A\sin kx+B\cos kx \tag{6.24}$$

式中，A，B 为积分常数.

两端铰支压杆的位移边界条件为

在 $x=0$ 处，$\omega=0$ ①

在 $x=l$ 处，$\omega=0$ ②

将条件①代入式（6.24），得 $B=0$，于是有

$$\omega=A\sin kx \tag{6.25}$$

将条件②代入式（6.24），得

$$A\sin kl=0 \tag{6.26}$$

若 $A=0$，则由式（6.25）得 $\omega\equiv0$，表示压杆仍为直线，这不符合上文描述的前提条件. 因此必须是

$$\sin kl=0 \tag{6.27}$$

其解为

$$kl=n\pi \quad (n=0,1,2,\cdots) \tag{6.28}$$

将式（6.28）代入式（6.22），得

$$F=\frac{n^2\pi^2EI}{l^2}, \quad n=0,1,2 \tag{6.29}$$

上式表明，使杆件在微弯状态下保持平衡的压力在理论上是多值的. 这些压力中最小非零

压力才是临界力 F_σ. 这样，取 $n=1$，于是临界压力为

$$F_\sigma = \frac{\pi^2 EI}{l^2}$$

(6.30)

这就是两端铰支细长杆压杆临界力的计算公式，称为欧拉公式.

知识点链接：高等数学——曲率公式　微分方程的建立　微分方程的求解　二阶常
系数线性微分方程的求解

第7章 流体力学中的数学模型

本章讨论了不可压非黏性流体的基本方程、速度势方程和流函数方程；讨论了变分法、泛函的增量与泛函的变分以及欧拉方程；分析了加权余量法的基本思想，以及不同权重设定的方法——配置法、子区域法、最小二乘法和矩法；也分析了静水中的扰动水压力分析. 本章主要参考了文献 [28]、[29].

第一节 不可压非黏性流体的流动

实际流体都是有黏性的，但多数流体由于其黏性系数不大，一般可忽略流体的黏性影响. 忽略黏性作用的流体称为非黏性流体. 真实流体都具有一定的压缩性，但在常温常压下的液体和低速气体，由于其压缩性很小，可以不考虑压缩性，不考虑压缩性的流图称为不可压流体.

一、不可压非黏性流体流动的基本方程

对于不可压非黏性流体的流动，描述流体流动的基本方程为

$$\frac{\partial u_j}{\partial x_j} = 0 \tag{7.1}$$

$$\frac{\partial u_i}{\partial t} + u_j \frac{\partial u_i}{\partial x_j} = b_i - \frac{1}{\rho} \frac{\partial p}{\partial x_i} \tag{7.2}$$

其中 u_i 为速度分量，b_i 为体积分量，p 为压强，ρ 为液体的密度.

式（7.1）为连续方程，式（7.2）为运动方程. 求解方程组，初始条件和边界条件为当 $t = t_0$ 时，$u_i = u_{i0}(x_j)$.

在静止物体的表面上，$u_n = 0$，其中 u_n 为物体表面的法向速度.

式（7.1）和式（7.2）组成的方程组为非线性方程组，其中的未知量需要同时求解，这是比较困难的.

二、速度势方程和流函数方程

如果流体的运动是无旋的，则存在一个速度势函数 $\phi(x, y, z, t)$，使得

$$u=\frac{\partial \phi}{\partial x}, \quad v=\frac{\partial \phi}{\partial y}, \quad w=\frac{\partial \phi}{\partial z}$$

将其代入式（7.1），得到关于 ϕ 的拉普拉斯方程

$$\nabla^2 \phi=\frac{\partial^2 \phi}{\partial x^2}+\frac{\partial^2 \phi}{\partial y^2}+\frac{\partial^2 \phi}{\partial z^2}=0 \tag{7.3}$$

当流体是非黏性不可压的、重力有势的且运动是无旋的时，对运动方程（7.2）进行积分，可得拉格朗日积分式

$$gz+\frac{1}{2}\left[\frac{\partial^2 \phi}{\partial x^2}+\frac{\partial^2 \phi}{\partial y^2}+\frac{\partial^2 \phi}{\partial z^2}\right]+\frac{p}{\rho}=-\frac{\partial \phi}{\partial t} \tag{7.4}$$

于是，求解式（7.1）和式（7.2）组成的方程组的问题成为按照式（7.3）的拉普拉斯方程求解势函数 ϕ 的问题，然后根据定义计算流速 u，v，w，并由拉格朗日积分式（7.4）计算压力 p.

由于不可压非黏性的无旋运动存在势函数 ϕ，因此这种流体运动也称为势流运动.

综上所述，对于理想不可压流体的势流运动，主要在于求解速度势方程的定解问题，即求解给定边界条件下的边值问题. 求解拉普拉斯方程的边界条件通常有两类：

第一类边界条件：在边界 S_1 上的函数 ϕ 是给定的，为 $\phi\mid_{S_1}=\bar{\phi}(x, y, z, t)$.

第二类边界条件：在边界 S_2 上给定函数 ϕ 的方向导数，为 $\left.\frac{\partial \phi}{\partial n}\right|_{S_2}=\bar{q}(x, y, z, t)$，就是求解如下方程，

$$\begin{cases} \nabla^2 \phi=\frac{\partial^2 \phi}{\partial x^2}+\frac{\partial^2 \phi}{\partial y^2}+\frac{\partial^2 \phi}{\partial z^2}=0 \\ \phi\mid_{S_1}=\bar{\phi}, \left.\frac{\partial \phi}{\partial n}\right|_{S_2}=\bar{q}_\phi \end{cases} \tag{7.5}$$

知识点链接： 高等数学——函数的导数 微分 微分方程的表示与求解

第二节 变分法及其欧拉方程

从上一节看到，要研究的问题实际上是微分方程的边值问题，求解这类问题时，可以采用本节的变分法. 应用变分法的原理，可以通过求取相应泛函的极值来代替直接求解原微分方程式. 变分法就是基于变分原理的有限元法的数学基础.

一、变分法的基本概念

由一个函数或几个函数确定的变量称为泛函. 所谓泛函, 就是函数的函数. 变分问题就是求泛函的极大值或极小值的问题, 称为泛函的极值问题. 在工程上, 有时会遇到求泛函的极值的问题, 就是最速下降线的问题.

如图 7-1 所示, 设 A, B 两点在不同的铅直线上, 用某一曲线 $y = y(x)$ 连接 A, B 两点, 使得重物 m 沿此曲线无摩擦地自由下滑, 显然, 曲线的形状不同, 由 A 点自由下滑到 B 点所需的时间 t 也不同, 试问沿哪一条曲线下滑所需时间 t 最少?

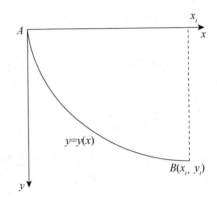

图 7-1 最速下降线问题

要解决这个问题, 要先将问题进行数学描述, 已知自由落体的速度 $\dfrac{\mathrm{d}s}{\mathrm{d}t} = \sqrt{2gy}$, 沿曲线的 $\mathrm{d}s = \sqrt{(\mathrm{d}x)^2 + (\mathrm{d}y)^2} = \sqrt{1 + (y')^2}\,\mathrm{d}x$, 于是有

$$\mathrm{d}t = \sqrt{\frac{1 + (y')^2}{2gy}}\,\mathrm{d}x$$

则从 A 点自由下滑到 B 点所需时间为

$$t = \int_{x_0}^{x_1} \sqrt{\frac{1 + (y')^2}{2gy}}\,\mathrm{d}x$$

即从 A 点自由下滑到 B 点所需时间 t 是曲线 $y = y(x)$ 的函数, 是一个泛函. 而最速下降线问题就是求 t 的极小值问题.

下面我们将独立变量的泛函记为 $J[y(x)]$.

二、泛函的增量与泛函的变分

(一) 变分

记 $\Delta y(x) = y(x) - y_1(x)$, 当 $\Delta y(x)$ 很小时称其为变分, 用 $\delta y(x)$ 或 δy 表示. $\delta y(x)$ 就是指 $y(x)$ 与跟它接近的函数 $y_1(x)$ 之差.

(二) 泛函的增量

泛函的增量定义为

$$\Delta J = J[y(x)+\delta y(x)]-J[y(x)]$$

其中 $\delta y(x)=y(x)-y_1(x)$.

如果泛函的增量可以表示为线性项与非线性项之和，即

$$\Delta J = L[y(x),\delta y]+\beta[y(x)+\delta y]\max|\delta y|$$

其中 $L[y(x),\delta y]$ 是关于 δy 的线性泛函，$\beta[y(x)+\delta y]$ 是关于 δy 的非线性泛函. 若当 $\max|\delta y|\to 0$ 时，$\beta[y(x)+\delta y]\to 0$，则称泛函 $J[y(x)]$ 有变分，记为 $\delta J=L[y(x),\delta y]$.

而泛函的增量可以写为

$$\Delta J = \delta J+\beta[y(x)+\delta y]\max|\delta y|$$

因此，如果泛函的变分存在，则它是泛函增量中的线性主部.

（三）泛函的变分

对于泛函 $J[y(x)]$ 引入一个新的泛函 $J[y(x)+\alpha\delta y]$，其中 α 为任意给定的小正数，如果泛函在线性主部意义下有变分存在，则有

$$
\begin{aligned}
J[y(x)+\alpha\delta y] &= J[y(x)]+L[y(x),\alpha\delta y]+\beta[y(x)+\alpha\delta y]\max|\alpha\delta y|\\
&= J[y(x)]+\alpha L[y(x),\delta y]+\beta[y(x)+\alpha\delta y]\max|\alpha\delta y|
\end{aligned}
$$

于是 $J[y(x)+\alpha\delta y]$ 对 α 的导数为

$$
\begin{aligned}
\frac{\partial J[y(x)+\alpha\delta y]}{\partial\alpha} &= L[y(x),\delta y]+\beta[y(x)+\alpha\delta y]\max|\delta y|\\
&\quad +\alpha\frac{\partial}{\partial\alpha}\beta[y(x)+\alpha\delta y]\max|\delta y|
\end{aligned}
$$

当 $\alpha\to 0$ 时，有

$$\lim_{\alpha\to 0}\frac{\partial J[y(x)+\alpha\delta y]}{\partial\alpha}=L[y(x),\delta y]=\delta J$$

定义泛函 $J[y(x)]$ 的变分 δJ 等于 $J[y(x)+\alpha\delta y]$ 在 $\alpha\to 0$ 时对 α 的导数

$$\delta J=\frac{\partial J[y(x)+\alpha\delta y]}{\partial\alpha}\bigg|_{\alpha=0}$$

这样定义的泛函变分便于计算.

三、欧拉方程

下面研究一个独立变量的泛函实现极值的条件. 设泛函

$$J=\int_{x_0}^{x_1}F(x,y,y')\mathrm{d}x,\tag{7.6}$$

其中 $y'=\dfrac{\mathrm{d}y}{\mathrm{d}x}$. 假设泛函有极值，并在 $y=y(x)$ 上实现它的极值，如图 7-2 所示.

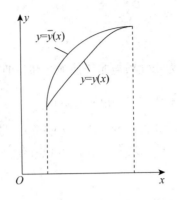

图 7-2 $y(x)$ 曲线族

取 $\bar{y}(x)=y(x)+\alpha\delta y$，其中 $\delta y(x_0)=0$，$\delta y(x_1)=0$. $\bar{y}(x)$ 代表一族通过 $(x_0，y_0)$ 和 $(x_1，y_1)$ 的曲线. 将 $\bar{y}(x)$ 代入式（7.3），得到

$$J(\alpha)=\int_{x_0}^{x_1}F(x，y+\alpha\delta y，y'+\alpha\delta y')\mathrm{d}x$$

当 $\alpha=0$ 时，$y(x)=\bar{y}(x)$，泛函 $J(\alpha)$ 取得极值. 其实现极值的必要条件是泛函的变分等于零

$$\delta J(\alpha)=\frac{\partial J}{\partial \alpha}\bigg|_{\alpha=0}=0$$

即 $$\delta J(\alpha)=\int_{x_0}^{x_1}\frac{\partial}{\partial \alpha}F(x，y+\alpha\delta y，y'+\alpha\delta y')\mathrm{d}x$$

由复合函数的求导法则，有

$$\frac{\partial}{\partial \alpha}F(x，y+\alpha\delta y，y'+\alpha\delta y')=\frac{\partial F}{\partial(y+\alpha\delta y)}\delta y+\frac{\partial F}{\partial(y'+\alpha\delta y')}\delta y'$$

令 $\alpha=0$，得到

$$\delta J(\alpha)=\int_{x_0}^{x_1}\left[\frac{\partial F}{\partial y}\delta y+\frac{\partial F}{\partial y'}\delta y'\right]\mathrm{d}x$$

结合已知条件 $\delta y(x_0)=0$，$\delta y(x_1)=0$，上式第二部分采用分部积分法，可得

$$\int_{x_0}^{x_1}\frac{\partial F}{\partial y'}\delta y'\mathrm{d}x=\frac{\partial F}{\partial y'}\delta y\bigg|_{x_0}^{x_1}-\int_{x_0}^{x_1}\delta y\frac{\mathrm{d}}{\mathrm{d}x}\left(\frac{\partial F}{\partial y'}\right)\mathrm{d}x=-\int_{x_0}^{x_1}\delta y\frac{\mathrm{d}}{\mathrm{d}x}\left(\frac{\partial F}{\partial y'}\right)\mathrm{d}x$$

这样得到泛函实现极值的条件为

$$\int_{x_0}^{x_1}\delta y\left[\frac{\partial F}{\partial y}-\frac{\mathrm{d}}{\mathrm{d}x}\left(\frac{\partial F}{\partial y'}\right)\right]\mathrm{d}x=0$$

由于 δy 是任意的，由上式可得泛函 $J[y(x)]$ 在 $y(x)$ 上实现极值的必要条件为

$$\frac{\partial F}{\partial y}-\frac{\mathrm{d}}{\mathrm{d}x}\left(\frac{\partial F}{\partial y'}\right)=0 \tag{7.7}$$

这就是著名的欧拉-拉格朗日方程，简称欧拉方程. 将上式展开，可得

$$\frac{\partial F}{\partial y} - \frac{\partial^2 F}{\partial x \partial y'} - y'\frac{\partial^2 F}{\partial y \partial y'} - y''\frac{\partial^2 F}{\partial y'^2} = 0$$

由此可知，泛函 $J[y(x)]$ 在 $y(x)$ 上取得极值的必要条件是 $y(x)$ 满足欧拉方程. 欧拉方程的积分曲线 $y(x)$ 为极值曲线，只有在极值曲线上，泛函才能取得极值.

知识点链接：高等数学——导数　微分及其思想方法

第三节　加权余量法

加权余量法是求解微分方程（或积分方程）数值解的一种有效方法，它在计算诸如第一节的微分方程问题时比变分法更方便，应用也更广泛.

一、加权余量法的基本思想

考虑微分方程

$$L(u) = f \quad （在域 D 内）$$

满足边界条件

$$B(u) = 0 \quad （在边界 S 上）$$

其中 $L(\ )$，$B(\ )$ 为微分算子，取微分方程的近似解为

$$u = \sum_{j=1}^{n} \alpha_j \phi_j \tag{7.8}$$

其中 α_j 为待定系数，ϕ_j 为取自完备函数系列的线性无关函数，称为基函数. 所谓完备函数系列是指任一函数都可用此系列表示. 近似解式（7.8）应满足边界条件，但不一定满足微分方程. 因此将近似解式（7.8）代入微分方程，将产生称为余量的误差函数

$$R = L(u) - f \neq 0$$

如果上式中的解 u 为精确解，则余量 R 应等于零. 为此，可以使得上式中的余量 R 在某种意义上为零，即可令余量的加权积分值等于零

$$\langle R, W_i \rangle_D = \int_D [L(u) - f] W_i \mathrm{d}D = 0 \tag{7.9}$$

其中 $\langle R, W_i \rangle_D$ 表示 R 与 W_i 的内积，W_i 表示权函数. 将近似解式（7.8）代入上式，并选择 n 个权函数 W_i（$i = 1, 2, \cdots, n$），可形成以 α_1，α_2，$\cdots$，α_n 为未知量的代数方程组

$$\sum_{j=1}^{n} \int_D [L(\alpha_j \phi_j) - f] W_i \mathrm{d}D = 0 \quad (i = 1, 2, \cdots, n) \tag{7.10}$$

求解代数方程组，可获得 α_1，α_2，$\cdots$，α_n，代回式（7.8），便得到方程的近似解.

在加权余量法中，权函数 W_i 的选取是很重要的，它与所求近似解的精度关系很大. 权函数 W_i 可以用不同的方式选取，代表着不同的误差分配.

二、配置法

配置法直接求解近似解式（7.8）在区域内一系列选择点上满足的微分方程，即在几个配置点上令

$$R_i = \left[L(u) - f \right] \big|_{D_i} = \sum_{j=1}^{n} \left[L(\alpha_j \phi_j) - f \right] \big|_{D_i} = 0 \quad (i = 1, 2, \cdots, n)$$

其中 D_i $(i = 1, 2, \cdots, n)$ 为 n 个选择的配置点，由上式解得 α_1，α_2，$\cdots$，α_n，代回式（7.8），便得到近似解.

下面举例说明二阶常微分方程边值问题的求解

$$\begin{cases} L(u) = \dfrac{\mathrm{d}^2 u}{\mathrm{d} x^2} + u + x = 0 \quad (0 \leqslant x \leqslant 1) \\ u(0) = u(1) = 0 \end{cases} \tag{7.11}$$

考虑满足边界条件的近似解为

$$u = x(1-x)(a_1 + a_2 x + \cdots)$$

取前两项 $u = x(1-x)(a_1 + a_2 x)$ 代入求解的微分方程，可得余量

$$R = L(u) - f = x + (-2 + x + x^2) a_1 + (2 - 6x + x^2 - x^3) a_2$$

现选择配置点 $x = \dfrac{1}{3}$，$x = \dfrac{2}{3}$，代入上式，得

$$\begin{pmatrix} \dfrac{16}{9} & -\dfrac{2}{27} \\ \dfrac{16}{9} & \dfrac{50}{27} \end{pmatrix} \begin{pmatrix} a_1 \\ a_2 \end{pmatrix} = \begin{pmatrix} \dfrac{1}{3} \\ \dfrac{2}{3} \end{pmatrix}$$

解得 $a_1 = \dfrac{81}{416}$，$a_2 = \dfrac{9}{52}$，从而得到近似解为

$$u = \frac{1}{416} x(1-x)(81 - 72x)$$

配置法的实质是选择权函数 W_i $(i = 1, 2, \cdots, n)$，该特征函数为 Dirac δ 函数，就是在配置点 D_i 上积分为 1，不在配置点 D_i 上积分为零. 这样的权函数使得式（7.9）成立.

三、子区域法

将计算区域划分为 n 个可重叠但不重合的子区域 ΔD_i，取权函数为

$$W_i = \begin{cases} 1, & \text{在 } \Delta D_i \text{ 内} \\ 0, & \text{在 } \Delta D_i \text{ 外} \end{cases}$$

则对于 n 个不同的子区域，由式（7.9）可得 n 个方程的代数方程组

$$\langle R, W_i \rangle_{D_i} = \int_{\Delta D_i} [L(u) - f] \mathrm{d}D = 0$$

由此可解得 R 中所含的 n 个待定系数 $\alpha_1, \alpha_2, \cdots, \alpha_n$，从而得到近似解式（7.8）.

仍以边值问题式（7.11）为例，并取近似解

$$u = x(1-x)(a_1 + a_2 x)$$

余量仍为 $R = x + (-2 + x + x^2)a_1 + (2 - 6x + x^2 - x^3)a_2$.

取两个子区域 $0 < x < \dfrac{1}{2}$ 和 $0 < x < 1$，有加权余量式

$$\int_0^{1/2} [x + (-2 + x + x^2)a_1 + (2 - 6x + x^2 - x^3)a^2] \mathrm{d}x = 0$$

$$\int_0^1 [x + (-2 + x + x^2)a_1 + (2 - 6x + x^2 - x^3)a^2] \mathrm{d}x = 0$$

积分后得到代数方程组

$$\begin{pmatrix} 0.916\,7 & -0.484\,4 \\ 1.833\,3 & 0.250\,0 \end{pmatrix} \begin{bmatrix} a_1 \\ a_2 \end{bmatrix} = \begin{bmatrix} \dfrac{1}{8} \\ \dfrac{1}{2} \end{bmatrix}$$

解得 $a_1 = 0.244\,8$，$a_2 = 0.205\,1$，从而得到近似解为

$$u = x(1-x)(0.244\,8 + 0.205\,1x)$$

四、最小二乘法

如果取权函数为 $W_i = \dfrac{\partial R}{\partial a_i}$ $(i = 1, 2, \cdots, n)$，则加权积分式为

$$\langle R, \frac{\partial R}{\partial a_i} \rangle \big|_D = \int_D R \frac{\partial R}{\partial a_i} \mathrm{d}D = 0 \quad (i = 1, 2, \cdots, n)$$

这相当于对积分式 $J = \displaystyle\int_D R^2 \mathrm{d}D$ 取极小值，

$$\frac{\partial J}{\partial a_i} = \frac{\partial}{\partial a_i} \int_D R^2 \mathrm{d}D = 2 \int_D R \frac{\partial R}{\partial a_i} \mathrm{d}D = 0$$

称为最小二乘法.

当微分方程中的算子为线性算子时，方程的余量为

$$R = \sum_{j=1}^{n} \alpha_j L(\phi_j) - f$$

则有权函数

$$W_i = \frac{\partial R}{\partial a_i} = L(\phi_i) \quad (i = 1, 2, \cdots, n)$$

这时的代数方程组（7.10）为

$$\sum_{j=1}^{n} \alpha_j \int_D [L(\phi_j) - f] L(\phi_j) \mathrm{d}D = 0 \quad (i = 1, 2, \cdots, n).$$

可解得 n 个待定系数 α_1，α_2，$\cdots$，α_n，代回式（7.8）得到方程的近似解.

还以边值问题式（7.11）为例，仍取近似解

$$u = x(1-x)(a_1 + a_2 x)$$

余量仍为 $R = x + (-2 + x + x^2)a_1 + (2 - 6x + x^2 - x^3)a_2$，得到权函数

$$\begin{cases} W_1 = \dfrac{\partial R}{\partial a_1} = -2 + x - x^2 \\ W_2 = \dfrac{\partial R}{\partial a_2} = 2 - 6x + x^2 - x^3 \end{cases}$$

代入加权积分式，得

$$\int_0^1 [x + (-2 + x + x^2)a_1 + (2 - 6x + x^2 - x^3)a_2](-2 + x + x^2)\mathrm{d}x = 0$$

$$\int_0^1 [x + (-2 + x + x^2)a_1 + (2 - 6x + x^2 - x^3)a_2](2 - 6x + x^2 - x^3)\mathrm{d}x = 0$$

积分之后，得到代数方程组

$$\begin{pmatrix} 202 & 101 \\ 707 & 1\,572 \end{pmatrix} \begin{pmatrix} a_1 \\ a_2 \end{pmatrix} = \begin{pmatrix} 55 \\ 399 \end{pmatrix}$$

解得 $a_1 = 0.187\,541\,9$，$a_2 = 0.169\,470\,6$，从而得到近似解为

$$u = \frac{1}{165} x(1-x)(0.187\,541\,9 + 0.169\,470\,6 x)$$

五、矩法

取权函数为矢径 r 的各次幂

$$W_i = r^{(i-1)} \quad (i = 1, 2, \cdots, n)$$

对于一维的情形，有 $W_i = x^{(i-1)}$，代入公式（7.9）得到近似解中各系数 α_1，α_2，$\cdots$，α_n 的代数方程组为

$$\langle R, W_i \rangle \mid_D = \int_D R \cdot r^{(i-1)} \mathrm{d}D = 0 \quad (i = 1, 2, \cdots, n)$$

上式分别代表余量的各次矩，所以称为矩法.

还以边值问题式（7.11）为例，仍取近似解 $u = x(1-x)(a_1 + a_2 x)$，余量仍为 $R = x + (-2 + x + x^2)a_1 + (2 - 6x + x^2 - x^3)a_2$.

按矩法取权函数，得到权函数 $\begin{cases} W_1 = 1 \\ W_2 = x \end{cases}$，于是

$$\int_0^1 [x + (-2 + x + x^2)a_1 + (2 - 6x + x^2 - x^3)a_2] \mathrm{d}x = 0$$

$$\int_0^1 [x + (-2 + x + x^2)a_1 + (2 - 6x + x^2 - x^3)a_2] x \mathrm{d}x = 0$$

积分后得到代数方程组

$$\begin{pmatrix} \dfrac{11}{6} & \dfrac{11}{12} \\ \dfrac{11}{12} & \dfrac{19}{20} \end{pmatrix} \begin{pmatrix} a_1 \\ a_2 \end{pmatrix} = \begin{pmatrix} \dfrac{1}{2} \\ \dfrac{1}{3} \end{pmatrix}$$

解得 $a_1 = \dfrac{122}{649}$，$a_2 = \dfrac{10}{59}$，从而得到近似解为

$$u = \frac{1}{649} x(1-x)(122 + 110x)$$

以上各种方法均可以计算近似解和比较误差，通常不同的问题需要不同的方法.

> **知识点链接**：高等数学——导数　积分；线性代数——矩阵的表示及其运算　线性方程组求解

第四节　静水中的扰动水压力基本方程

作用在弹性结构上的力 $P(t)$ 包括与变形无关的作用力 $P_0(t)$ 以及与变形有关的作用力 $P_1(t)$. 由于结构变形将会引起流场产生附加的扰动流速和扰动压强，从而产生对结构物的附加扰动压力，这个力是由结构形变引起的，与结构的变形 $\delta(t)$ 有关.

如图 7-3 所示，处于静水中的结构 AB 承受某一动力荷载（例如地震力）的作用而使结构发生弹性变形 $\delta(t)$. 这个变形将会激起流场中各点产生一个扰动流速和扰动压强. 在流体和弹性体的接触面上，扰动压强或附加压强的存在将反过来影响弹性体的变形. 下面研究这个扰动压强的计算问题.

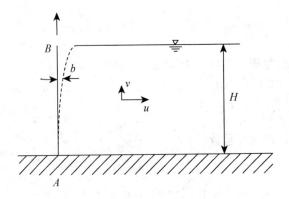

图7-3　静水中的扰动流场

假定由于结构发生弹性变形，流场产生的扰动流速和扰动压强分别为 u，p，由欧拉方程

$$\frac{\partial u}{\partial t}+(u\cdot\nabla)u=-\frac{1}{\rho}\nabla p$$

对于微幅振动，可以略去上式中的高阶小量 $(u\cdot\nabla)u$，再取旋度，有

$$\frac{\partial}{\partial t}rotu=0，即 \; rotu=常数$$

由于结构往复变形引起的扰动流场，流体质点在震荡运动中扰动流速 u 的时间平均值应等于零．因此，扰动流速的旋度应取零，即

$$rotu=0$$

这说明弹性结构变形引起的扰动流场的旋度是具有速度势的势运动场．

引入扰动速度势函数 $\phi(x,\ y,\ z,\ t)$，满足

$$u=\frac{\partial\phi}{\partial x},\ v=\frac{\partial\phi}{\partial y},\ w=\frac{\partial\phi}{\partial z}$$

其中 u，v，w 为流场中任一点因结构变形而引起的在 x，y，z 方向的扰动流速分量．

由拉格朗日积分式，得

$$\frac{\partial\phi}{\partial t}+\frac{1}{2}\left[\frac{\partial^2\phi}{\partial x^2}+\frac{\partial^2\phi}{\partial y^2}+\frac{\partial^2\phi}{\partial z^2}\right]+\frac{p_1}{\rho}-W=F_1(t) \tag{7.12}$$

令 $\phi^*=\phi-\int_0^t F_1(t)\mathrm{d}t+qHt$，则有

$$\frac{\partial\phi^*}{\partial x}=\frac{\partial\phi}{\partial x},\ \frac{\partial\phi^*}{\partial y}=\frac{\partial\phi}{\partial y},\ \frac{\partial\phi^*}{\partial z}=\frac{\partial\phi}{\partial z}$$

将其代入式（7.12）并去掉"＊"后得到

$$\frac{\partial\phi}{\partial t}+\frac{1}{2}\left[\frac{\partial^2\phi}{\partial x^2}+\frac{\partial^2\phi}{\partial y^2}+\frac{\partial^2\phi}{\partial z^2}\right]+\frac{p_1}{\rho}-W=qH \tag{7.13}$$

其中 H 为水头函数，p_1 为任一点扰动后的压强，W 为位势函数，$W=-qz$.

当静水区域无扰动时，上式的压强 p_1 等于静水压强 p_0，由静水压强公式有

$$\frac{p_0}{\rho}+qz=qH \tag{7.14}$$

将其代入式（7.13），而 $W=-qz$，得到

$$\frac{\partial \phi}{\partial t}+\frac{1}{2}\left[\frac{\partial^2 \phi}{\partial x^2}+\frac{\partial^2 \phi}{\partial y^2}+\frac{\partial^2 \phi}{\partial z^2}\right]+\frac{p_1-p_0}{\rho}=0$$

考虑到扰动流速是小量，略去上式中扰动流速的二阶小量后，得到

$$\frac{\partial \phi}{\partial t}+\frac{p_1-p_0}{\rho}=0$$

令 $p(t)=p_1-p_0$，则有

$$\frac{\partial \phi}{\partial t}=-\frac{p(t)}{\rho} \tag{7.15}$$

这里的 $p(t)$ 正是要找的扰动附加压强，它是扰动后比扰动前增加的压强.

根据不可压流体的连续方程，势函数满足拉普拉斯方程

$$\nabla^2 \phi=\frac{\partial^2 \phi}{\partial x^2}+\frac{\partial^2 \phi}{\partial y^2}+\frac{\partial^2 \phi}{\partial z^2}=0$$

将上式对时间 t 求偏导，得

$$\frac{\partial}{\partial t}\left(\frac{\partial^2 \phi}{\partial x^2}+\frac{\partial^2 \phi}{\partial y^2}+\frac{\partial^2 \phi}{\partial z^2}\right)=0 \text{ 或 } \frac{\partial^2}{\partial x^2}\left(\frac{\partial \phi}{\partial t}\right)+\frac{\partial^2}{\partial y^2}\left(\frac{\partial \phi}{\partial t}\right)+\frac{\partial^2}{\partial z^2}\left(\frac{\partial \phi}{\partial t}\right)=0$$

并将式（7.15）代入，得

$$\frac{\partial^2}{\partial x^2}\left(-\frac{p}{\rho}\right)+\frac{\partial^2}{\partial y^2}\left(-\frac{p}{\rho}\right)+\frac{\partial^2}{\partial z^2}\left(-\frac{p}{\rho}\right)=0$$

最后得到扰动水压力的基本方程为

$$\frac{\partial^2 p}{\partial x^2}+\frac{\partial^2 p}{\partial y^2}+\frac{\partial^2 p}{\partial z^2}=0$$

可见，在静水中扰动附加压强 $p(t)$ 符合拉普拉斯方程，$\nabla^2 p=0$，上式是针对不可压流体而建立的，如果流体是可压的，类似的推导可得静水中扰动附加压强 $p(t)$ 的基本方程为

$$\frac{\partial^2 p}{\partial x^2}+\frac{\partial^2 p}{\partial y^2}+\frac{\partial^2 p}{\partial z^2}=\frac{1}{c^2}\frac{\partial^2 p}{\partial t^2}$$

c 为水中音速.

知识点链接：高等数学——导数 微分 微分方程 旋度

第五节   稳定流动的三个方程

稳定流动是指同一位置处与流体流动有关的物理量，如速度、压力、密度等不随时间而变化.

一、稳定流动连续性方程

连续性方程反映流体运动和流体质量分布之间的关系，是质量守恒定律在流体力学中的应用，它普遍适用于稳定而且连续的流动过程.

$$q_m = \frac{Ac}{v} = \frac{A_1 c_{f1}}{v_1} = \frac{A_2 c_{f2}}{v_2} = 常数$$

上式称为稳定流动连续性方程式. 式中 q_m 是单位时间的质量流量，其单位为 kg/s. 若以微分形式表示，则有

$$\frac{\mathrm{d}v}{v} = \frac{\mathrm{d}A}{A} + \frac{\mathrm{d}c_f}{c_f}$$

上述两式指出了流速、截面积和比体积间的关系.

二、稳定流动能量方程

稳定流动能量方程是根据能量守恒定律得出的，即

$$q = (h_2 - h_1) + \frac{c_{f2}^2 - c_{f1}^2}{2} + g(z_2 - z_1) + w_s$$

工质在管道中流动时，流速变化是一个令人注目的对象，而高度在一般管道中变化不大，且此时工质也不对外作功，即 $z_2 - z_1 = 0$，$w_s = 0$. 因此有

$$q = (h_2 - h_1) + \frac{c_{f2}^2 - c_{f1}^2}{2}$$

由于气体流速较高，流经管道时间短，因此与外界交流热量甚少，可视为绝热流动，即 $q = 0$. 在喷管和扩压管中，流动即属于上述情况，上式可改写为

$$h_1 + \frac{c_{f1}^2}{2} = h_2 + \frac{c_{f2}^2}{2} = h + \frac{c_f^2}{2} = h_0$$

其微分形式为

$$\mathrm{d}h + \mathrm{d}\frac{c_f^2}{2} = 0$$

式中，h_0 为滞止焓（速度为 0 时称为滞止）或总焓. 上式表明流动的工质不对外作功且绝热时，任意截面上的焓与动能之和等于常数，或称总焓守恒.

三、稳定流动过程方程

根据过程的特点不同，工质状态参数变化规律有不同的数学表达式. 如果工质在流动

中既与外界无热量交换且无摩擦、扰动，则流动可视为可逆绝热流动，即定熵流动. 此时，不论气体种类如何，其过程方程均可表达为

$$p_1 v_1^k = p_2 v_2^k = p v^k = 常数$$

其微分形式为

$$\frac{\mathrm{d}p}{p} + k\frac{\mathrm{d}v}{v} = 0$$

式中，$k = \dfrac{\ln p_1 - \ln p_2}{\ln v_1 - \ln v_2}$. 对于理想气体，$k = \dfrac{c_p}{c_v}$；对于蒸汽，$k$ 值纯粹为经验数据. 上述两式描述了可逆绝热过程中压力和比体积的变化关系.

知识点链接：高等数学——全微分

第六节　作用于平面上的液体静压力分析

一、解析法

求解作用于平面上的静水总压力的解析法实质上是按平行力系求和原理解决的，即合力等于分力和.

取任意形状的倾斜平面壁，面积为 A，与水平夹角为 α，型心为 C，选取 xOy 坐标系对平面进行受力分析.

在平面上任取一微小面积 $\mathrm{d}A$，可以认为微小面积上个点静压强相等，如 $\mathrm{d}A$ 为液面下的水深 h，则 $\mathrm{d}A$ 上所受的液体总静压力为 $\mathrm{d}p$.

$$\mathrm{d}p = p\mathrm{d}A = \gamma h\mathrm{d}A$$

将微小压力 $\mathrm{d}p$ 沿受压面进行积分，即可得到作用于整个平面的静水总压力.

$$P = \int \mathrm{d}p = \int_A p\,\mathrm{d}A = \int_A \gamma h\,\mathrm{d}A$$

二、作用于曲面上的液体静压力

此部分要和具体的曲面表示相关联，要用到曲面积分，核心还是积分的微元法应用. 曲面没有具体的表达方式，液体静压力还是以 $P = \int \mathrm{d}p = \int_A p\,\mathrm{d}A = \int_A \gamma h\,\mathrm{d}A$ 形式呈现.

知识点链接：高等数学——定积分　微元法

第8章 集总电路基础元件约束关系的数学原理

本章讨论了集总电路基础元件的数学表示——电流、电容，RC 电路的零输入响应、静态电阻和动态电阻，幅值与有效值，电阻元件、电感元件、电容元件，理想变压器，回转器；讨论了互感元件、未知回路的电流与电压，基尔霍夫定律的数学表现形式，节点电压和电流的矩阵形式，基本回路的 KVL、KCL 方程，电阻、电导的参数方程等内容．本章主要参考了文献 [29]、[30]、[31]、[32]、[33]．

第一节　集总电路基础元件的数学表示

由电阻、电容、电感等集总参数元件组成的电路称为集总电路．只含电阻元件和电源元件的电路称为电阻电路，是集总电路的一类．

一、电流、电容

（一）电流

由于国家标准规定不随时间变化的物理量用大写字母表示，随时间变化的物理量用小写字母表示．因此，在直流电路中电流用 I 表示，它与电荷（量）Q、时间 t 的关系为

$$I = \frac{Q}{t}$$

随时间变化的电流用 i 表示，它等于电荷（量）q 对时间 t 的导数，即

$$i = \frac{\mathrm{d}q}{\mathrm{d}t}$$

（二）电容

电容是用来表征电路中电场能存储这一物理性质的理想元件．

$$C = \frac{q}{u}$$

其中 q 为电荷量，u 是电压. 若 C 为常数，则这种电容称为线性电容；若 C 不是常数，则这种电容称为非线性电容. 我们在此处只讨论线性电容，结合上述式子，有

$$q = Cu$$

将其两端对时间 t 求导数，考虑到 C 为常数，可得电容、电压与电流的关系

$$i = C\frac{\mathrm{d}u}{\mathrm{d}t}$$

当电压和电流随时间变化时，它们的乘积称为瞬时功率，也是随时间变化的，电容的瞬时功率

$$p = ui = Cu\frac{\mathrm{d}u}{\mathrm{d}t}$$

当 u 的绝对值随时间变动而增大时，$u\frac{\mathrm{d}u}{\mathrm{d}t} > 0$，$p > 0$，说明此时电容从外部输入功率，把电能转化为电场能；当 u 的绝对值随时间变动而减小时，$u\frac{\mathrm{d}u}{\mathrm{d}t} < 0$，$p < 0$，说明此时电容向外部输出功率，把电场能又转化为电能.

可见，电容中存储电场能的过程是能量的可逆转过程. 如果从 $t=0$ 到 $t=\xi$ 这段时间内，电压从零增大到某一数值 U，则从外部输入的电能为

$$\int_0^\xi p\,\mathrm{d}t = \int_0^\xi ui\,\mathrm{d}t = \int_0^U Cu\,\mathrm{d}u = \frac{1}{2}CU^2$$

这些电能都转化为电场能，所以电容中存储的电场能是

$$W_e = \frac{1}{2}CU^2$$

二、RC 电路的零输入响应

图 8-1 中，假设已知电压源电压 U_0，电阻 R 和电容 C. 当 $t=0$ 时换路，换路前，开关 S 合在 1 端，而且电路已稳定，由此可知电容电压的初始值 $U_c(0) = U_0$. 换路后，开关 S

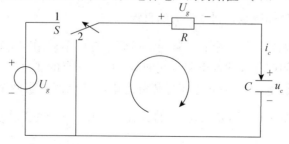

图 8-1　一阶 RC 电路零状态响应电路

合在 2 端，由此可知电容电压的稳态值 $U_c(\infty)=0$. 求换路后响应 u_c 和 i_c. 由于换路后的外部激励为零，但在内部储能的作用下，电容经电阻放电，因此，该电路的响应为零输入响应. 研究 RC 电路的零输入响应也就是研究电容的放电规律.

根据 KVL（基尔霍夫电压定律）（参照本章第二节），换路后的电路可列出回路方程式如下

$$Ri_c+u_c=0$$

将 $i_c=C\dfrac{\mathrm{d}u_c}{\mathrm{d}t}$ 代入，可得

$$RC\dfrac{\mathrm{d}u_c}{\mathrm{d}t}+u_c=0$$

这是一个齐次线性常微分方程，将它改写成如下分离变量形式

$$\dfrac{\mathrm{d}u_c}{u_c}=-\dfrac{\mathrm{d}t}{RC}$$

两边求积分，即

$$\int\dfrac{\mathrm{d}u_c}{u_c}=\int-\dfrac{\mathrm{d}t}{RC}$$

得

$$\ln u_c=-\dfrac{t}{RC}+B$$

由此求得 u_c 的通解为

$$u_c=\mathrm{e}^{-\frac{t}{RC}+B}=\mathrm{e}^B\cdot\mathrm{e}^{-\frac{t}{RC}}=A\mathrm{e}^{-\frac{t}{RC}}$$

式中，B 和 A 为积分常数，在数学中用 C 表示，这里为了不与电容 C 混淆，改用 B 和 A 表示.

三、静态电阻和动态电阻

对于线性元件，通过它的电流和它两端的电压成正比，比值 R 称为电阻，即 $R=\dfrac{U}{I}$，其伏安特性曲线是过坐标原点、斜率为 $\dfrac{1}{R}$ 的直线.

某些电阻元件，如半导体二极管、隧道二极管，它们不遵循欧姆定律，伏安特性曲线是一条曲线，这种电阻叫作非线性电阻. 它的阻值随工作点的变化而变化.

实际使用的非线性电阻有 $2AP$ 型半导体静态电阻和动态电阻两个参数（见图 8-2）. 其中原点 O 到工作点 P 的直线 OP 的斜率的倒数，即 $R=\dfrac{U}{I}$，为工作点 P 的静态电阻. 伏安特性曲线在工作点 P 的切线斜率的倒数，即 $R_d=\lim\limits_{\Delta I\to 0}\dfrac{\Delta U}{\Delta I}$，为工作点 P 的动态电阻.

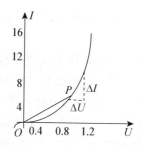

图 8 - 2　2AP 型半导体二极管伏安特性曲线

静态电阻为某工作点导体（或半导体）两端的电压与通过导体（或半导体）的电流的比值，它表示导体（或半导体）对电流的阻碍作用．动态电阻表示导体（或半导体）两端的电压随电流变化的快慢或趋势．动态电阻可以为正值，表示电流随电压的增大而增大；也可以为负值，表示电流随电压的增大而减小．例如，图 8 - 3 中隧道二极管在伏安特性曲线的 *AB* 段内工作时，动态电阻为负值．

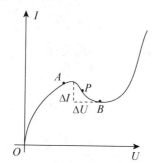

图 8 - 3　2BS 型隧道二极管伏安特性曲线

研究某一工作点的电阻时，一般用该点的静态电阻，即 $R = \dfrac{U}{I}$．而研究电阻的变化时，一般用动态电阻，即 $R_d = \lim\limits_{\Delta I \to 0} \dfrac{\Delta U}{\Delta I}$．

四、幅值与有效值

图 8 - 4 是正弦电流的波形．它的数学表达式为

$$i = I_m \sin\omega t$$

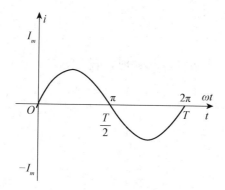

图 8 - 4　正弦电流的波形

正弦电流、电压和电动势的大小往往不是用它们的幅值来计量的，而是常用有效值（均方根值）来计量的.

有效值是从电流的热效应角度规定的，因为在电工技术中，电流常表现出其热效应. 不论是周期性变化的电流还是直流，只要它们在相等的时间内通过同一电阻而两者的热效应相等，就把它们的安（培）值看作是相等的. 也就是说，如果某一个周期电流 i 通过电阻 R（譬如电阻炉）在一个周期内产生的热量，与另一个直流 I 通过同样大小的电阻在相等的时间内产生的热量相等，那么这个周期性变化的电流 i 的有效值在数值上就等于这个直流 I.

根据上述描述，可得

$$\int_0^T Ri^2 \mathrm{d}t = RI^2 T$$

由此可得出周期电流的有效值

$$I = \sqrt{\frac{1}{T}\int_0^T i^2 \mathrm{d}t}$$

上式适用于周期性变化的量，但不能用于非周期量.

当周期电流为正弦量，即 $i = I_m \sin\omega t$ 时，有

$$I = \sqrt{\frac{1}{T}\int_0^T I_m^2 \sin^2\omega t\, \mathrm{d}t}$$

因为

$$\int_0^T \sin^2\omega t\, \mathrm{d}t = \int_0^T \frac{1-\cos 2\omega t}{2}\mathrm{d}t = \frac{1}{2}\int_0^T \mathrm{d}t - \frac{1}{2}\int_0^T \cos 2\omega t\, \mathrm{d}t = \frac{T}{2} - 0 = \frac{T}{2}$$

所以

$$I = \sqrt{\frac{1}{T}I_m^2 \frac{T}{2}} = \frac{I_m}{\sqrt{2}}$$

如果考虑到周期电流 i 是作用在电阻 R 两端的周期电压 u 产生的，则由上式可推得周期电压的有效值

$$U = \sqrt{\frac{1}{T}\int_0^T u^2 \mathrm{d}t}$$

当周期电压为正弦量，即 $u = U_m \sin\omega t$ 时，有

$$U = \frac{U_m}{\sqrt{2}}$$

同理

$$E = \frac{E_m}{\sqrt{2}}$$

一般所讲的正弦电压或电流的大小，例如交流电压 380V 或 220V，都是指它的有效值．一般地，交流电流表和电压表的刻度也是根据有效值来规定的．

五、电阻元件　电感元件　电容元件

线圈的电感与线圈的尺寸、匝数以及附近介质的导磁性能等有关．图 8－5 所示的是一个电感线圈，假设它只具有电感．在图 8－5 中，各个物理量的参考方向是这样选定的：电源电压 u 的参考方向可以任意选定（在图 8－5 中，当 u 为正值时，则上端的电位高，下端的电位低）；电流 i 的参考方向与电压的参考方向一致；电流所产生的磁通 Φ 的参考方向根据电流的参考方向用右螺旋法则确定；规定感应电动势 e_l 的参考方向与磁通的参考方向之间符合右手螺旋法则（如图 8－6 所示）．因此，e_l 的参考方向与 i 的参考方向一致．

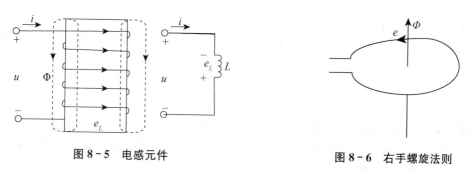

图 8－5　电感元件　　　　　　　图 8－6　右手螺旋法则

使用微分与积分的记号来表述问题，电感元件上的电压与通过的电流的导数关系式：

$$u + e_l = 0$$

或

$$u = -e_l = L\frac{\mathrm{d}i}{\mathrm{d}t}$$

将上式两边积分，便可得出电感元件上的电压与电流的积分关系式，即

$$i = \frac{1}{L}\int_{-\infty}^{t} u\mathrm{d}t = \frac{1}{L}\int_{-\infty}^{0} u\mathrm{d}t + \frac{1}{L}\int_{0}^{t} u\mathrm{d}t = i_0 + \frac{1}{L}\int_{0}^{t} u\mathrm{d}t$$

式中，i_0 为初始值，即在 $t = 0$ 时电感元件中通过的电流．若 $i_0 = 0$，则

$$i = \frac{1}{L}\int_{0}^{t} u\mathrm{d}t$$

六、理想变压器

变压器是利用电磁感应的原理来改变交流电压的装置，主要构件是初级线圈、次级线圈和铁芯（磁芯）．在电器设备和无线电路中，常用作升压和降压、匹配阻抗、安全隔离等．

理想变压器（见图 8-7）是一种一个端口电压与另一个端口电压成正比且没有功率损耗的互易无源二端口网络，它是一种根据铁芯变压器的电气特性抽象出来的理想电路元件．在铁芯变压器初级加上交流电压信号时，次级可以得到不同电压的交流信号．

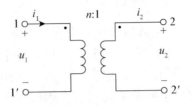

图 8-7　理想变压器

理想变压器是实际变压器的理想化模型，其电路符号见图 8-7，其中 $11'$ 端为初级，$22'$ 端为次级．

理想变压器的电压和电流关系为

$$\begin{cases} u_1 = nu_2 \\ i_1 = \dfrac{1}{n}(-i_2) \end{cases} \tag{8.1}$$

式中，参数 n 称为变比．图中标注的一对"·"是表示初级电压 u_1 和次级电压 u_2 的极性关系的符号．当 u_1，u_2 的"＋"端均选在标有"·"的端钮上时，表示 u_1，u_2 的极性相同．

将式（8.1）改写为矩阵形式

$$\begin{bmatrix} u_1 \\ i_1 \end{bmatrix} = \begin{bmatrix} n & 0 \\ 0 & \dfrac{1}{n} \end{bmatrix} \begin{bmatrix} u_2 \\ -i_2 \end{bmatrix} \tag{8.2}$$

其中传输参数矩阵 $A = \begin{bmatrix} n & 0 \\ 0 & \dfrac{1}{n} \end{bmatrix}$，$n$ 称为理想变压器的变比．根据式（8.1）和式（8.2）也可以分别推导出其逆传输参数方程或混合参数方程来表征元件的端口特性．例如混合参数方程为

$$\begin{bmatrix} u_1 \\ i_2 \end{bmatrix} = \begin{bmatrix} 0 & n \\ -n & 0 \end{bmatrix} \begin{bmatrix} i_1 \\ u_2 \end{bmatrix}$$

其中混合参数矩阵 $H = \begin{bmatrix} 0 & n \\ -n & 0 \end{bmatrix}$．

七、回转器

回转器是理想回转器的简称，是另一种双口电阻元件，其电路符号如图 8-8 所示．其特征表现为它能将一端口上的电压（或电流）"回转"为另一端口上的电流（或电压）．

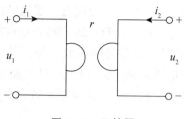

图 8 - 8　回转器

端口量之间的关系为

$$
\begin{cases}
u_1 = r(-i_2) \\
i_1 = \dfrac{u_2}{r}
\end{cases}
$$

即 $\begin{bmatrix} u_1 \\ i_1 \end{bmatrix} = \begin{bmatrix} 0 & r \\ \dfrac{1}{r} & 0 \end{bmatrix} \begin{bmatrix} u_2 \\ -i_2 \end{bmatrix}$，其中，传输参数矩阵 $A = \begin{bmatrix} 0 & r \\ \dfrac{1}{r} & 0 \end{bmatrix}$；$r$ 具有电阻的量纲，称为回转电阻.

> 知识点链接：高等数学——导数　微分　积分；线性代数——矩阵及其运算

第二节　互感元件、未知回路的电流与电压

一、互感元件的 VCR

VCR 就是电压与电流的关系，即欧姆定律. 什么是互感？当线圈 1 通过电流 i_1 时，在线圈中 1 中产生磁通，产生的自感磁通链为 Ψ_{11}，同时，有部分磁通穿过临近线圈 2 产生互感磁通链 Ψ_{21}，i_1 称为施感电流.

当线圈 2 通过电流 i_2 时，在线圈 2 中产生的自感磁通链为 Ψ_{22}，同时有部分磁通穿过临近线圈 1 产生互感磁通链 Ψ_{12}，i_2 称为施感电流. 像这样一个线圈的磁通与另一个线圈相交链的现象称为互感.

每个耦合线圈中的磁通链等于自感磁通链和互感磁通链的代数和，即

$$
\begin{cases}
\Psi_1 = \Psi_{11} \pm \Psi_{12} = L_{11} i_1 \pm L_{12} i_2 \\
\Psi_2 = \pm \Psi_{21} + \Psi_{22} = \pm L_{21} i_1 + L_{22} i_2
\end{cases}
\tag{8.3}
$$

写成矩阵形式

$$
\begin{bmatrix} \Psi_1 \\ \Psi_2 \end{bmatrix} = \begin{bmatrix} L_{11} & \pm L_{12} \\ \pm L_{21} & L_{22} \end{bmatrix} \begin{bmatrix} i_1 \\ i_2 \end{bmatrix}
\tag{8.4}
$$

以上表达式中，互感磁通链前的＋、－号，要视互感磁通链的参考方向与自感磁通链的参考方向是否一致来选取. 若两者的参考方向一致，则表明在每个线圈中的磁通链是相互增强的，如图 8-9（a）所示，此时互感磁通链前取＋号；若两者的参考方向不一致，则表明在每个线圈中的磁通链是彼此削弱的，如图 8-9（b）所示，此时互感磁通链前取－号. 式中的系数 L_{11} 和 L_{22} 分别是端口 1 和端口 2 的自感系数，其意义与二端电感系数相同，简记为

$$L_1 = L_{11}, \ L_2 = L_{22} \tag{8.5}$$

L_{12} 和 L_{21} 分别是端口 2 对端口 1、端口 1 对端口 2 的互感（系数）. 可以证明二者是相等的，常用 M 表示，即

$$M = L_{12} = L_{21} \tag{8.6}$$

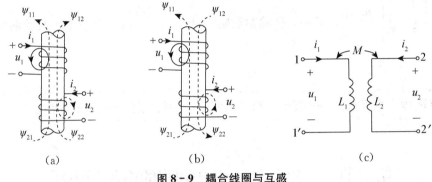

（a）　　　　　　　　　　（b）　　　　　　　　　　（c）

图 8-9　耦合线圈与互感

根据电磁感应定律，互感元件的 VCR 为

$$\begin{cases} u_1 = \dfrac{\mathrm{d}\Psi_1}{\mathrm{d}t} = L_1 \dfrac{\mathrm{d}i_1}{\mathrm{d}t} \pm M \dfrac{\mathrm{d}i_2}{\mathrm{d}t} = u_{11} + u_{12} \\[2mm] u_2 = \dfrac{\mathrm{d}\Psi_2}{\mathrm{d}t} = \pm M \dfrac{\mathrm{d}i_1}{\mathrm{d}t} + L_2 \dfrac{\mathrm{d}i_2}{\mathrm{d}t} = u_{21} + u_{22} \end{cases}$$

写成矩阵形式

$$\begin{bmatrix} u_1 \\ u_2 \end{bmatrix} = \begin{bmatrix} L_1 & \pm M \\ \pm M & L_2 \end{bmatrix} \begin{bmatrix} \dfrac{\mathrm{d}i_1}{\mathrm{d}t} \\[2mm] \dfrac{\mathrm{d}i_2}{\mathrm{d}t} \end{bmatrix}$$

其中 $u_{11} = L_1 \dfrac{\mathrm{d}i_1}{\mathrm{d}t}$ 和 $u_{22} = L_2 \dfrac{\mathrm{d}i_2}{\mathrm{d}t}$ 分别称为线圈 1 和线圈 2 的自感电压；$u_{12} = \pm M \dfrac{\mathrm{d}i_2}{\mathrm{d}t}$ 和 $u_{21} = \pm M \dfrac{\mathrm{d}i_1}{\mathrm{d}t}$ 分别称为线圈 2 对线圈 1 和线圈 1 对线圈 2 的互感电压，其意义是一个线圈的电流变化时，在另一个线圈上所感的电压. 以上两式中的＋、－号与式（8.3）、式（8.4）中的＋、－号具有相同的意义.

二、未知回路的电流与电压

(一) 未知量节点电压

对具有 $n+1$ 个节点的电路进行节点分析，且选第 $n+1$ 个节点作为参考点，其节点电压方程的一般形式为

$$\left.\begin{aligned} G_{11}V_{n1}+G_{12}V_{n2}+\cdots+G_{1n}V_{nn} &= \sum_1 \frac{U_s}{R_s}+\sum_1 I_s \\ G_{21}V_{n1}+G_{22}V_{n2}+\cdots+G_{2n}V_{nn} &= \sum_2 \frac{U_s}{R_s}+\sum_2 I_s \\ \cdots\cdots \\ G_{n1}V_{n1}+G_{n2}V_{n2}+\cdots+G_{nn}V_{nn} &= \sum_n \frac{U_s}{R_s}+\sum_n I_s \end{aligned}\right\} \tag{8.7}$$

其中各项的含义不难从以上对具体电路的讨论中得到，在此不再赘述.

有了方程组，就可以应用线性代数的克莱姆法则，解出未知量节点电压，即

$$V_{n1}=\frac{\Delta_1}{\Delta},\ V_{n2}=\frac{\Delta_2}{\Delta},\ \cdots,\ V_{nn}=\frac{\Delta_n}{\Delta}$$

式中，Δ 是式（8.7）的系数行列式，Δ_k 是把 Δ 中的第 k 列换成右边的非齐次项得到的行列式.

(二) 未知量回路电流

若对具有 l 个网孔的平面电路列写以网孔电流为待求变量的 KVL 方程，其标准形式为

$$\left.\begin{aligned} l_1: R_{11}I_{l1}+R_{12}I_{l2}+\cdots R_{1l}I_{ll} &= \sum_1 U_s+\sum_1 RI_s \\ l_2: R_{21}I_{l1}+R_{22}I_{l2}+\cdots R_{2l}I_{ll} &= \sum_2 U_s+\sum_2 RI_s \\ \cdots\cdots \\ l_l: R_{l1}I_{l1}+R_{l2}I_{l2}+\cdots R_{ll}I_{ll} &= \sum_l U_s+\sum_l RI_s \end{aligned}\right\} \tag{8.8}$$

应用线性代数的克莱姆法则，解出未知量回路电流，即

$$I_{l1}=\frac{\Delta_1}{\Delta},\ I_{l2}=\frac{\Delta_2}{\Delta},\ \cdots,\ I_{ll}=\frac{\Delta_l}{\Delta}$$

式中，Δ 是式（8.8）的系数行列式，Δ_k 是把 Δ 中的第 k 列换成右边的非齐次项得到的行列式.

知识点链接：线性代数——矩阵及其运算　克莱姆法则

第三节 基尔霍夫定律的数学表现形式

一、基尔霍夫定律

基尔霍夫定律是德国物理学家基尔霍夫提出的. 基尔霍夫定律是电路理论中最基本也是最重要的定律之一. 它概括了电路中电流和电压分别遵循的基本规律，包括基尔霍夫电流定律（KCL）和基尔霍夫电压定律（KVL）.

基尔霍夫电流定律（KCL）可以表述为：对于任意集总电路中的任一节点，在任一时刻，流出（或流入）该节点的所有支路电流的代数和为零. 其数学表示式为

$$\sum_{k=1}^{K} i_k(t) = 0 \qquad (8.9)$$

式中，$i_k(t)$ 为流出（或流入）节点的第 k 条支路的电流，K 为节点处的支路数.

在以上讨论中，对各支路的元件并无要求，也就是说，无论电路中的元件如何，只要是集总电路，KCL 就总是成立的. 也就是说，KCL 与电路的元件的性质无关.

把 KCL 运用于节点时，根据各支路电流的参考方向，以流入为准或是以流出为准来列写支路电流的关系式，两种标准可任选一种.

KCL 原是运用于节点的，也可以把它推广运用于电路中任一假设的闭合面. KCL 表达了电路中支路电流间的约束关系.

基尔霍夫电压定律（KVL）可以表述为：对于任一集总电路中的任一电路，在任一时刻，沿着该回路的所有支路电压降的代数和为零. 其数学表达式为

$$\sum_{k=1}^{K} u_k(t) = 0 \qquad (8.10)$$

式中，$u_k(t)$ 为回路中的第 k 条支路的电压，K 为回路的支路数.

在以上讨论中，对各支路的元件并无要求，也就是说，无论电路中的元件如何，只要是集总电路，KVL 就总是成立的. 也就是说，KVL 与电路的元件的性质无关.

一组电压当且仅当满足一个 KVL 方程时，它们才是线性相关的.

KCL 是电荷守恒法则运用于集总电路的结果；KVL 是能量守恒法则和电荷守恒法则运用于集总电路的结果. 前者反映电路中各支路电流间的约束关系；后者反映电路中各支路电压间的约束关系.

二、关联矩阵形式的 KCL 方程

以图 8-10 所示的简单电路为例，①～③节点的 KCL 方程为

$$
\begin{aligned}
n_1 &: I_1 - I_4 - I_6 = 0 \\
n_2 &: -I_1 + I_2 + I_5 = 0 \\
n_3 &: -I_5 + I_3 + I_6 = 0
\end{aligned}
$$

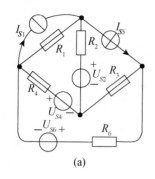 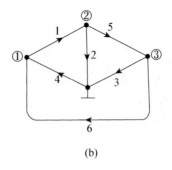

(a)　　　　　　　　(b)

图 8-10　节点法示例电路

将其写成矩阵形式为

$$
\begin{bmatrix}
1 & 0 & 0 & -1 & 0 & -1 \\
-1 & 1 & 0 & 0 & 1 & 0 \\
0 & 0 & 1 & 0 & -1 & 1
\end{bmatrix}
\begin{bmatrix}
I_1 \\ I_2 \\ I_3 \\ I_4 \\ I_5 \\ I_6
\end{bmatrix}
=
\begin{bmatrix}
0 \\ 0 \\ 0
\end{bmatrix}
\tag{8.11}
$$

令系数矩阵 $A = \begin{bmatrix} 1 & 0 & 0 & -1 & 0 & -1 \\ -1 & 1 & 0 & 0 & 1 & 0 \\ 0 & 0 & 1 & 0 & -1 & 1 \end{bmatrix}$，支路电流列向量 $I = [I_1 \quad I_2 \quad I_3 \quad I_4 \quad I_5 \quad I_6]^{\mathrm{T}}$，则式（8.11）可以写成

$$
AI = 0 \tag{8.12}
$$

式中，A 称为电路独立节点与支路的关联矩阵，用以储存节点与支路的关联信息，其行对应于电路的 $3(=n-1)$ 个独立节点，其列对应于电路的 $6(=b)$ 条支路，矩阵元素的取值规则是

$$
a_{ij} = \begin{cases}
1, & \text{节点 } i \text{ 与支路 } j \text{ 关联，且支路 } j \text{ 从节点 } i \text{ 联出} \\
-1, & \text{节点 } i \text{ 与支路 } j \text{ 关联，且支路 } j \text{ 从节点 } i \text{ 联入} \\
0, & \text{节点 } i \text{ 与支路 } j \text{ 不关联}
\end{cases}
\tag{8.13}
$$

按式（8.13）的取值规则，建立任意电路的关联矩阵 A，可以将式（8.13）推广至具有 n 个节点和 b 条支路的一般电路. 此时，A 是 $(n-1) \times b$ 阶矩阵；I 是 $b \times 1$ 阶单列矩阵，表示支路电流列向量. 式（8.13）称为关联矩阵形式的 KCL 方程.

三、关联矩阵形式的 KVL 方程

图 8-10 所示电路的 KVL 方程式为

$$\begin{cases} U_1 = V_{n1} - V_{n2} \\ U_2 = V_{n2} \\ U_3 = V_{n3} \\ U_4 = -V_{n1} \\ U_5 = V_{n2} - V_{n3} \\ U_6 = -V_{n1} + V_{n3} \end{cases}$$

写成矩阵形式为

$$\begin{bmatrix} U_1 \\ U_2 \\ U_3 \\ U_4 \\ U_5 \\ U_6 \end{bmatrix} = \begin{bmatrix} 1 & -1 & 0 \\ 0 & 1 & 0 \\ 0 & 0 & 1 \\ -1 & 0 & 0 \\ 0 & 1 & -1 \\ -1 & 0 & 1 \end{bmatrix} \begin{bmatrix} V_{n1} \\ V_{n2} \\ V_{n3} \end{bmatrix} \tag{8.14}$$

比较式（8.14）的系数矩阵与式（8.11）的系数矩阵可见，这个系数矩阵就是 A 的转置. 若令 $U = \begin{bmatrix} U_1 & U_2 & U_3 & U_4 & U_5 & U_6 \end{bmatrix}^{\mathrm{T}}$ 和 $V_n = \begin{bmatrix} V_{n1} & V_{n2} & V_{n3} \end{bmatrix}^{\mathrm{T}}$ 分别为支路电压列向量和节点电压列向量，式（8.14）可写成

$$U = A^{\mathrm{T}} [V_n]^{\mathrm{T}} \tag{8.15}$$

的矩阵形式. 虽然式（8.15）是根据图 8-10 所示的具体电路导出的，但根据 A 的定义及 KVL，完全可以将其推广成普遍的公式而应用于有 n 个节点和 b 条支路的任意电路. 这是因为 A^{T} 的每一行表示一条支路与哪两个节点相关联，联出为 $+1$，联入为 -1. 与参考点关联的支路所在行只有一个非零项. 由 KVL 已知，电路中所有支路的电压都等于与其关联的两个节点电压之差，这正是关系式（8.15），因此称式（8.15）为关联矩阵形式的 KVL 方程，此时 U 为 $b \times 1$ 阶支路电压列向量，V_n 为 $(n-1) \times 1$ 阶节点电压列向量.

知识点链接：线性代数——矩阵及其运算

第四节　节点电压和电流的矩阵形式

一、VCR 的矩阵形式

现假定所研究的电路具有 n 个节点、b 条支路，且每条支路均具有图 8-11 所示的一般形式，称为广义支路. 当然，单独的电阻支路（$U_s = 0$，$I_s = 0$）、实际电压源支路（戴维南电路 $I_s = 0$）、实际电流源支路（诺顿电路 $U_s = 0$）均是广义支路的特例.

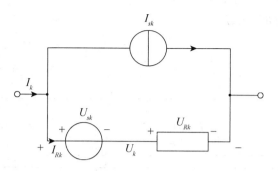

图 8 - 11　广义支路

设图 8-11 为电路的第 k 条支路，U_k 和 I_k 分别表示其支路电压和支路电流，U_{Rk} 和 I_{Rk} 分别表示电阻元件的电压和电流（注意 U_k 和 I_k 与 U_{Rk} 和 I_{Rk} 之间的区别），U_{sk} 和 I_{sk} 分别为电压源及电流源的源电压、源电流．根据 KCL、KVL 和欧姆定律，可得支路的特性方程为

$$U_k = R_k I_{Rk} + U_{sk} = R_k(I_k - I_{sk}) + U_{sk} = R_k I_k - R_k I_{sk} + U_{sk}$$

或

$$I_k = G_k U_{Rk} + I_{sk} = G_k(U_k - U_{sk}) + I_{sk} = G_k U_k - G_k U_{sk} + I_{sk}$$

分别令 $k = 1,\ 2,\ \cdots,\ b$，便可得出所有支路的特性方程，将全部方程合写成矩阵形式，有

$$U = RI - RI_s + U_s$$
$$I = GU - GU_s + I_s \tag{8.16}$$

以上两式称为（广义）支路特性方程的矩阵形式．在此两式中，$I = [I_1\ \ I_2\ \ \cdots\ \ I_b]^{\mathrm{T}}$ 和 $U = [U_1\ \ U_2\ \ \cdots\ \ U_b]^{\mathrm{T}}$ 分别为支路电流列向量和支路电压列向量；$U_s = [U_{s1}\ \ U_{s2}\ \ \cdots\ \ U_{sb}]^{\mathrm{T}}$ 和 $I_s = [I_{s1}\ \ I_{s2}\ \ \cdots\ \ I_{sb}]^{\mathrm{T}}$ 分别为电压源源电压列向量和电流源源电流列向量．G 称为支路电导矩阵，R 为支路电阻矩阵，即

$$G = \begin{bmatrix} G_1 & 0 & \cdots & 0 \\ 0 & G_2 & \cdots & 0 \\ \vdots & \vdots & & \vdots \\ 0 & 0 & \cdots & G_b \end{bmatrix} = \mathrm{diag}[G_1\ \ G_2\ \ \cdots\ \ G_b]$$

$$R = \begin{bmatrix} R_1 & 0 & \cdots & 0 \\ 0 & R_2 & \cdots & 0 \\ \vdots & \vdots & & \vdots \\ 0 & 0 & \cdots & R_b \end{bmatrix} = \mathrm{diag}[R_1\ \ R_2\ \ \cdots\ \ R_b]$$

显然，G 和 R 是 b 阶互逆对角矩阵，即 $RG = E$.

二、节点电压方程的矩阵形式

将式（8.15）、式（8.16）和式（8.12）按图 8-12 所示的方式逐步代入，有

$$AGA^{\mathrm{T}}V_n = AGU_s - AI_s$$

或写成

$$G_nV_n = I_{sn} \tag{8.17}$$

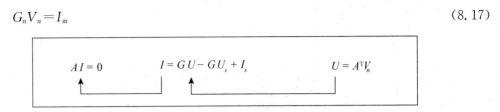

$$AI = 0 \qquad\qquad I = GU - GU_s + I_s \qquad\qquad U = A^{\mathrm{T}}V_n$$

图 8-12　关联矩阵形式的节点电压方程的推导

式（8.17）就是关联矩阵形式的节点电压方程. 其中 $G_n = AGA^{\mathrm{T}}$ 称为节点电导矩阵，$I_{sn} = AGU_s - AI_s$ 称为节点电流源列向量. 显然求解式（8.17）便得节点电压

$$V_n = G_n^{-1}I_{sn} \tag{8.18}$$

将式（8.18）代入式（8.15），可求得支路电压 U，再代入式（8.16），可求得支路电流 I.

三、基本割集矩阵及割集法的系统分析

与节点法的系统分析一样，本节所讨论的电路仍是仅含图 8-11 所示的广义支路组成的电路. 因此，其 VCR 的矩阵形式的方程为

$$I = GU - GU_s + I_s \tag{8.19}$$

下面推导利用割集法分析电路时 KCL 和 KVL 的矩阵形式. 先通过如图 8-13（a）所示的简单电路来进行讨论. 将电路抽象成有向图，选定一树及基本割集如图 8-13（b）所示，对基本割集列写的 KCL 方程为

$$\left.\begin{array}{l} C_1 : I_1 + I_4 - I_5 = 0 \\ C_2 : I_2 + I_4 - I_5 = 0 \\ C_3 : I_3 + I_4 = 0 \end{array}\right\}$$

写成矩阵形式

$$\begin{bmatrix} 1 & 0 & 0 & 1 & -1 \\ 0 & 1 & 0 & 1 & -1 \\ 0 & 0 & 1 & 1 & 0 \end{bmatrix} \begin{bmatrix} I_1 \\ I_2 \\ I_3 \\ I_4 \\ I_5 \end{bmatrix} = \begin{bmatrix} 0 \\ 0 \\ 0 \end{bmatrix}$$

令 $C = \begin{bmatrix} 1 & 0 & 0 & 1 & -1 \\ 0 & 1 & 0 & 1 & -1 \\ 0 & 0 & 1 & 1 & 0 \end{bmatrix}$，$I = \begin{bmatrix} I_1 & I_2 & I_3 & I_4 & I_5 \end{bmatrix}^{\mathrm{T}}$，上式可简写成

$$CI = 0 \tag{8.20}$$

式中，C 是储存基本割集与支路关联信息的矩阵，称为基本割集矩阵. 观察 C 中的各元素与图 8-13（b）线图的关系，可总结出 C 中元素 c_{ij} 的取值规则为

$$c_{ij} = \begin{cases} 1, & \text{支路 } j \text{ 属于割集 } i\text{，且割集 } i \text{ 与支路 } j \text{ 同方向} \\ -1, & \text{支路 } j \text{ 属于割集 } i\text{，且割集 } i \text{ 与支路 } j \text{ 反方向} \\ 0, & \text{支路 } j \text{ 不属于割集 } i \end{cases} \tag{8.21}$$

以上讨论推广到具有 n 个节点、b 条支路的电路，基本割集矩阵具有 $(n-1) \times b$ 阶，电路的基本割集的 KCL 方程仍为式（8.20）. 因此，式（8.20）称为基本割集矩阵形式的 KCL 方程.

取基本回路列写 KVL 方程，则电路中的连支电压均可由树支电压来表示，对于图 8-13 来说，将 KVL 方程写成树支电压表示连支电压的形式为

$$\left. \begin{aligned} U_1 &= U_{1t} \\ U_2 &= U_{2t} \\ U_3 &= U_{3t} \\ U_4 &= U_{1t} + U_{2t} + U_{3t} \\ U_5 &= -U_{1t} - U_{2t} \end{aligned} \right\}$$

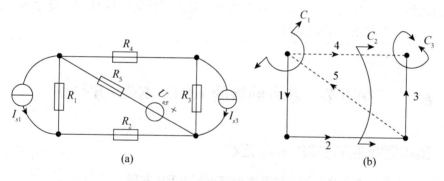

(a)　　　　　　　　　　(b)

图 8-13　割集法系统分析示例

将以上方程写成矩阵形式

$$\begin{bmatrix} U_1 \\ U_2 \\ U_3 \\ U_4 \\ U_5 \end{bmatrix} = \begin{bmatrix} 1 & 0 & 0 \\ 0 & 1 & 0 \\ 0 & 0 & 1 \\ 1 & 1 & 1 \\ -1 & -1 & 0 \end{bmatrix} \begin{bmatrix} U_{1t} \\ U_{2t} \\ U_{3t} \end{bmatrix}$$

可见上式的系数矩阵为基本割集矩阵的转置，令

$$U = \begin{bmatrix} U_1 & U_2 & U_3 & U_4 & U_5 \end{bmatrix}^{\mathrm{T}}, \quad U_t = \begin{bmatrix} U_{1t} & U_{2t} & U_{3t} \end{bmatrix}^{\mathrm{T}}$$

则有

$$U = C^T U_t \tag{8.22}$$

虽然式（8.22）是从具体电路推导出来的，但根据 C 的定义及应用于基本回路的 KVL，完全可以将其推广成普遍的公式而应用于具有 n 个节点、b 条支路的任意电路。因此称式（8.22）为基本割集矩阵形式的 KVL 方程。将式（8.20）、式（8.22）合在一起，按照图 8-14 所示，代入消元，可得到割集法系统分析的矩阵方程

$$CGC^T U_t = CGU_s - CI_s$$

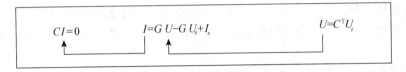

$CI = 0$ $I = G\,U - G\,U_s + I_s$ $U = C^T U_t$

图 8-14 割集法矩阵形式的电路方程的推导

或写成

$$G_t U_t = I_{cs} \tag{8.23}$$

其中 $G_t = CGC^T$ 称为基本割集电导矩阵，I_{cs} 称为基本割集电流源向量。需要注意的是，式（8.23）只有在所有时刻都满足 $\det G_t \neq 0$ 的条件下才有唯一解。

> 知识点链接：线性代数——矩阵 矩阵乘法 矩阵转置等 线性方程组求解 矩阵
> 方程唯一解的判别

第五节 基本回路的 KVL、KCL 方程

一、基本回路矩阵形式的 KVL 方程

以图 8-15 所示的电路为例，取基本回路列写 KVL 方程

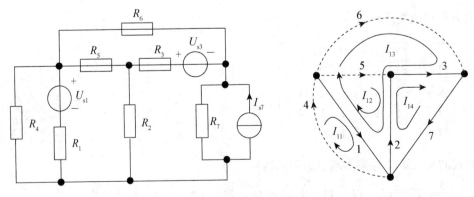

图 8-15 回路法示例电路

$$
\begin{aligned}
&l_1 : U_1 + U_4 = 0 \\
&l_2 : -U_1 - U_2 + U_5 = 0 \\
&l_3 : -U_1 - U_2 - U_3 + U_6 = 0 \\
&l_4 : U_2 + U_3 + U_7 = 0
\end{aligned}
\tag{8.24}
$$

写成矩阵形式为

$$
\begin{bmatrix}
1 & 0 & 0 & 1 & 0 & 0 & 0 \\
-1 & -1 & 0 & 0 & 1 & 0 & 0 \\
-1 & -1 & -1 & 0 & 0 & 1 & 0 \\
0 & 1 & 1 & 0 & 0 & 0 & 1
\end{bmatrix}
\begin{bmatrix}
U_1 \\ U_2 \\ U_3 \\ U_4 \\ U_5 \\ U_6 \\ U_7
\end{bmatrix}
=
\begin{bmatrix}
0 \\ 0 \\ 0 \\ 0
\end{bmatrix}
$$

$$
\text{令 } B =
\begin{bmatrix}
1 & 0 & 0 & 1 & 0 & 0 & 0 \\
-1 & -1 & 0 & 0 & 1 & 0 & 0 \\
-1 & -1 & -1 & 0 & 0 & 1 & 0 \\
0 & 1 & 1 & 0 & 0 & 0 & 1
\end{bmatrix},
\ U = \begin{bmatrix} U_1 & U_2 & U_3 & U_4 & U_5 & U_6 & U_7 \end{bmatrix}^{\mathrm{T}}
$$

$$\tag{8.25}$$

上式可写成 $BU=0$. 其中 B 称为基本回路矩阵，储存有基本回路与相关支路的关联信息，其取值规则为

$$
b_{ij} = \begin{cases}
1, & \text{回路 } i \text{ 与支路 } j \text{ 关联，且回路 } i \text{ 与支路 } j \text{ 同方向} \\
-1, & \text{回路 } i \text{ 与支路 } j \text{ 关联，且回路 } i \text{ 与支路 } j \text{ 反方向} \\
0, & \text{回路 } i \text{ 与支路 } j \text{ 不关联}
\end{cases}
$$

式（8.25）称为基本回路矩阵形式的 KVL 方程.

二、基本回路矩阵形式的 KCL 方程

根据 KCL 写出了如图 8-16 所示的电路支路电流与回路电流的方程式，将其写成矩阵形式为

$$
\begin{bmatrix}
I_1 \\ I_2 \\ I_3 \\ I_4 \\ I_5 \\ I_6 \\ I_7
\end{bmatrix}
=
\begin{bmatrix}
1 & -1 & -1 & 0 \\
0 & -1 & -1 & 1 \\
0 & 0 & -1 & 1 \\
1 & 0 & 0 & 0 \\
0 & 1 & 0 & 0 \\
0 & 0 & 1 & 0 \\
0 & 0 & 0 & 1
\end{bmatrix}
\begin{bmatrix}
I_{l1} \\ I_{l2} \\ I_{l3} \\ I_{l4}
\end{bmatrix}
\tag{8.26}
$$

比较式（8.24）与式（8.26）的系数矩阵，可见上式的系数矩阵就是基本回路矩阵的转置，因此有

$$I = B^T I_l \tag{8.27}$$

其中 $I_l = [\begin{matrix} I_{l1} & I_{l2} & I_{l3} & I_{l4} \end{matrix}]^T$ 为回路电流矩阵. 式（8.27）称为基本回路矩阵形式的 KCL 方程.

三、回路法系统分析电路的矩阵方程

将基本回路矩阵形式的 KVL、KCL 方程及矩阵形式的支路 VCR 方程

$$U = RI - RI_s + U_s \tag{8.28}$$

结合起来，消元可以得到以回路电流为待求变量的系统分析方程为

$$BRB^T I_l = BRI_s - BU_s \tag{8.29}$$

或写成

$$R_l I_l = U_{sl} \tag{8.30}$$

式（8.29）就是基本回路矩阵形式的电路方程. 其中 $R_l = BRB^T$ 称为回路电阻矩阵，$U_{sl} = BRI_s - BU_s$ 称为回路电压源向量. 显然求解式（8.30）便得回路电流

$$I_l = R_l^{-1} U_{sl} \tag{8.31}$$

将式（8.31）代入式（8.27），可求得支路电流 I，再代入式（8.28），可求得支路电压.

知识点链接：线性代数——矩阵乘法　逆矩阵

第六节　电阻、电导的参数方程

一、电阻参数方程

选取端口电流 I_1、I_2 表示端口电压 U_1、U_2. 其特性方程具有

$$\begin{aligned} U_1 &= r_1(I_1, I_2) \\ U_2 &= r_2(I_1, I_2) \end{aligned} \tag{8.32}$$

的形式. 在图 8-16 所示的双口网络的两个端口分别接以 $I_{s1} = I_1$ 和 $I_{s2} = I_2$ 的电流源（见图 8-17）. 应用齐性定理和叠加定理，对于线性双口网络，式（8.32）可以写成如下形式：

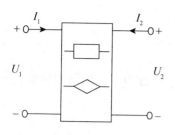

图 8-16　无独立源双口

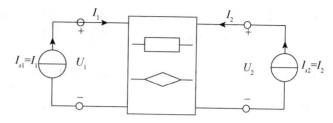

图 8-17　电阻参数方程的推导

$$U_1 = R_{11} I_1 + R_{12} I_2 \qquad \text{或} \qquad \begin{bmatrix} U_1 \\ U_2 \end{bmatrix} = \begin{bmatrix} R_{11} & R_{12} \\ R_{21} & R_{22} \end{bmatrix} \begin{bmatrix} I_1 \\ I_2 \end{bmatrix}$$
$$U_2 = R_{21} I_1 + R_{22} I_2$$

$\qquad\qquad\qquad\qquad\qquad\qquad\qquad\qquad\qquad\qquad\qquad\qquad\qquad\qquad$ (8.33)

以上两式称为双口网络的电阻参数方程. 其中, $R = \begin{bmatrix} R_{11} & R_{12} \\ R_{21} & R_{22} \end{bmatrix}$ 称为双口网络的等效电阻参数矩阵.

二、电导参数矩阵

选取端口电压 U_1、U_2 表示端口电流 I_1、I_2. 其特性方程具有

$$I_1 = g_1(U_1, U_2)$$
$$I_2 = g_2(U_1, U_2)$$

$\qquad\qquad\qquad\qquad\qquad\qquad\qquad\qquad\qquad\qquad\qquad\qquad\qquad\qquad$ (8.34)

的形式. 在如图 8-16 所示的双口网络的两个端口分别接以 $U_{s1} = U_1$ 和 $U_{s2} = U_2$ 的电压源 (见图 8-18). 与电阻参数的讨论类似, 对于线性双口网络, 式 (8.34) 可以写成如下形式:

$$I_1 = G_{11} U_1 + G_{12} U_2 \qquad \text{或} \qquad \begin{bmatrix} I_1 \\ I_2 \end{bmatrix} = \begin{bmatrix} G_{11} & G_{12} \\ G_{21} & G_{22} \end{bmatrix} \begin{bmatrix} U_1 \\ U_2 \end{bmatrix}$$
$$I_2 = G_{21} U_1 + G_{22} U_2$$

$\qquad\qquad\qquad\qquad\qquad\qquad\qquad\qquad\qquad\qquad\qquad\qquad\qquad\qquad$ (8.35)

以上两式称为双口网络的电导参数方程. 其中, $G = \begin{bmatrix} G_{11} & G_{12} \\ G_{21} & G_{22} \end{bmatrix}$ 称为双口网络的等效电导参数矩阵.

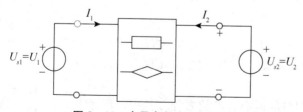

图 8-18　电导参数方程的推导

三、传输参数方程

（一）传输参数方程

选取端口 2 的电压 U_2、电流 I_2 表示端口 1 的电压 U_1、电流 I_1. 根据线性方程式 (8.33) 或 (8.35) 均可以推得端口参数方程

$$U_1 = A_{11}U_2 + A_{12}(-I_2)$$
$$I_1 = A_{21}U_2 + A_{22}(-I_2)$$
或
$$\begin{bmatrix} U_1 \\ I_1 \end{bmatrix} = \begin{bmatrix} A_{11} & A_{12} \\ A_{21} & A_{22} \end{bmatrix} \begin{bmatrix} U_2 \\ -I_2 \end{bmatrix}$$

以上两式称为双口网络的传输参数方程. 其中, $A = \begin{bmatrix} A_{11} & A_{12} \\ A_{21} & A_{22} \end{bmatrix}$ 称为双口网络的等效传输参数矩阵.

（二）逆传输参数方程

若选取端口 1 的电压 U_1、电流 I_1 表示端口 2 的电压 U_2、电流 I_2. 其特性方程具有如下形式：

$$U_2 = A'_{11}U_1 + A'_{12}(-I_1)$$
$$I_2 = A'_{21}U_1 + A'_{22}(-I_1)$$
或
$$\begin{bmatrix} U_2 \\ I_2 \end{bmatrix} = \begin{bmatrix} A'_{11} & A'_{12} \\ A'_{21} & A'_{22} \end{bmatrix} \begin{bmatrix} U_1 \\ -I_1 \end{bmatrix}$$

以上两式称为双口网络的逆传输参数方程. 其中, $A' = \begin{bmatrix} A'_{11} & A'_{12} \\ A'_{21} & A'_{22} \end{bmatrix}$ 称为双口网络的逆传输参数矩阵. 显然, 若双口同时具有 A 和 A', 则二者互为逆矩阵.

四、混合参数方程

（一）混合参数方程

选取端口 1 的电流 I_1 和端口 2 的电压 U_2 表示端口 1 的电压 U_1 和端口 2 的电流 I_2, 其特性方程为

$$U_1 = H_{11}I_1 + H_{12}U_2$$
$$I_2 = H_{21}I_1 + H_{22}U_2$$
或
$$\begin{bmatrix} U_1 \\ I_2 \end{bmatrix} = \begin{bmatrix} H_{11} & H_{12} \\ H_{21} & H_{22} \end{bmatrix} \begin{bmatrix} I_1 \\ U_2 \end{bmatrix}$$

以上两式称为双口网络的混合参数方程. 其中, $H = \begin{bmatrix} H_{11} & H_{12} \\ H_{21} & H_{22} \end{bmatrix}$ 称为双口网络的混合参数矩阵.

（二）逆混合参数方程

选取端口 1 的电压 U_1 和端口 2 的电流 I_2 表示端口 1 的电流 I_1 和端口 2 的电压 U_2, 其特性方程为

$$I_1 = H'_{11}U_1 + H'_{12}I_2$$
$$U_2 = H'_{21}U_1 + H'_{22}I_2$$
或
$$\begin{bmatrix} I_1 \\ U_2 \end{bmatrix} = \begin{bmatrix} H'_{11} & H'_{12} \\ H'_{21} & H'_{22} \end{bmatrix} \begin{bmatrix} U_1 \\ I_2 \end{bmatrix}$$

以上两式称为双口网络的逆混合参数方程. 其中, $H' = \begin{bmatrix} H'_{11} & H'_{12} \\ H'_{21} & H'_{22} \end{bmatrix}$ 称为双口网络的逆混合参数矩阵. 显然, 若双口网络同时具有 H 和 H', 则二者互为逆矩阵.

知识点链接：线性代数——矩阵　矩阵乘法　逆矩阵

第 9 章　传热学中的数学模型

本章讨论了传热学与流体力学中的数学基础；讨论了温度场中梯度和方向导数的计算问题，包括温度场、温度梯度、导热基本定律以及导热微分方程；分析了可逆过程中膨胀功的计算，热力学微分方程式；讨论几个涉及微分方程的传热学例子. 本章主要参考了文献 [34]、[35].

第一节　温度场中梯度和方向导数的计算

一、温度场

温度场是指在某一瞬间，空间（或物体内部）所有各点温度分布的总称.

温度场是一个数量场，可以用一个数量函数来表示. 一般地说，温度场是空间坐标和时间的函数，即

$$t = f(x, y, z, \tau)$$

式中，x, y, z 为空间直角坐标，τ 为时间.

若温度场随时间变化，则为非稳态温度场. 如果热度场是稳定的，即温度场内各点的温度不随时间变化，则温度场就是稳态温度场，它只是空间坐标的函数，即

$$t = f(x, y, z)$$

二、温度梯度

温度梯度表示温度场内某一地点等温面法线方向的温度变化率

$$\mathbf{grad}t = \frac{\partial t}{\partial n}\vec{n}$$

式中，$\vec{n}$ 表示温度场内某点的等温面法线方向的单位向量；$\frac{\partial t}{\partial n}$ 表示通过该点法线方向的温度方向导数，即法向的温度变化率.

温度梯度的直角坐标表示为

$$\mathbf{grad}t = \frac{\partial t}{\partial x}\vec{i} + \frac{\partial t}{\partial y}\vec{j} + \frac{\partial t}{\partial z}\vec{k}$$

式中，$\vec{i}$，$\vec{j}$ 和 $\vec{k}$ 分别表示三个坐标轴方向的单位向量；$\frac{\partial t}{\partial x}$，$\frac{\partial t}{\partial y}$ 和 $\frac{\partial t}{\partial z}$ 分别表示温度梯度在坐标轴上的投影.

三、导热基本定律

温度差的存在是导热必需的条件. 由于等温面上没有温度差，故导热只发生在不同的等温面之间，即从高等温面沿着其法线向低等温面传递. 单位时间内通过单位等温面积的导热量，称为热流密度. 热流密度是一个向量，也称为热流向量，记为 q，单位是 W/m^3.

1822 年法国数学家、物理学家傅里叶提出了把温度场和热流场联系起来的基本定律. 对于各向同性（材料的导热系数不随方向改变）的物体，傅里叶定律可表述为：热流向量与温度梯度成正比，方向相反. 因为温度梯度是指向温度升高的方向，而根据热力学第二定律，热流总是朝着温度降低的方向，故用数学形式表示为

$$q = -\lambda\,\mathbf{grad}t = -\lambda\,\frac{\partial t}{\partial n}\vec{n}$$

上式就是导热基本定律——傅里叶定律的数学表达式，它确定了热流密度与温度梯度之间的关系.

向量 q 在直角坐标系中的表达式为

$$q = q_x i + q_y j + q_z k$$
$$q = -\lambda\,\frac{\partial t}{\partial x}i - \lambda\,\frac{\partial t}{\partial y}j - \lambda\,\frac{\partial t}{\partial z}k$$

四、导热微分方程

所研究的物体是各向同性的连续介质，其内部存在着温度梯度和均匀分布的内热源. 温度分布用直角坐标系表示为 $t = f(x, y, z, \tau)$；用单位体积在单位时间内释放出来的热表示均匀内热源的发热率，记为 q_v，单位是 W/m^3. 在物体内分割出一边长分别为 $\mathrm{d}x$，$\mathrm{d}y$，$\mathrm{d}z$ 的微元六面体作为控制体，参见图 9-1. 微元体的三个边分别平行于直角坐标系的三个坐标轴. 由于微元体内存在温度差，故在其六个表面都会有导热发生. 通过 x，y，z 三个控制表面导入微元控制体的热流量分别记为 Φ_x，Φ_y，Φ_z. 通过 $x+\mathrm{d}x$，$y+\mathrm{d}y$，$z+\mathrm{d}z$ 三个控制表面导出控制体的热流量分别记为 $\Phi_{x+\mathrm{d}x}$，$\Phi_{y+\mathrm{d}y}$，$\Phi_{z+\mathrm{d}z}$.

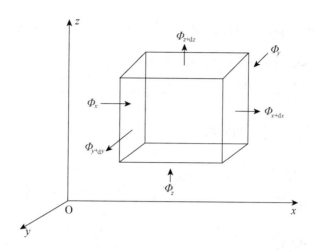

图 9 - 1　微元体的导热分析

对于所研究的情况，微元六面体的温度为 $t = f(x, y, z, \tau)$．因此，在微元体内沿三个不同坐标轴方向的温度梯度分别是坐标 x, y, z 的函数．故由热量计算公式 $\Phi = -\int_A \lambda \dfrac{\partial t}{\partial n} \mathrm{d}A$ 可知，通过垂直于坐标轴的微元面的热流量 Φ_x, Φ_y, Φ_z 也分别是 x, y, z 的函数．

$\Phi_{x+\mathrm{d}x}, \Phi_{y+\mathrm{d}y}, \Phi_{z+\mathrm{d}z}$ 的泰勒展开式分别取前两项为

$$\Phi_{x+\mathrm{d}x} = \Phi_x + \frac{\partial \Phi_x}{\partial x} \mathrm{d}x$$

$$\Phi_{y+\mathrm{d}y} = \Phi_y + \frac{\partial \Phi_y}{\partial y} \mathrm{d}y$$

$$\Phi_{z+\mathrm{d}z} = \Phi_z + \frac{\partial \Phi_z}{\partial z} \mathrm{d}z$$

微元控制体的能量平衡方程，即单位时间内进入控制体的能量 $\dot{E}_i$，加上控制体自身在单位时间内释放的能量 $\dot{E}_g$，必定等于单位时间内离开控制体的能量 $\dot{E}_o$ 与控制体内贮存能量的变化 $\dot{E}_s$ 之和．由式

$$\dot{E}_i + \dot{E}_g = \dot{E}_s + \dot{E}_o$$

可得

$$\dot{E}_i - \dot{E}_o = \dot{E}_s - \dot{E}_g$$

式中，能量流入项 $\dot{E}_i$ 和能量流出项 $\dot{E}_o$ 分别是导入及导出微元控制体的热流量，即

$$\dot{E}_i = \Phi_x + \Phi_y + \Phi_z$$
$$\dot{E}_o = \Phi_{x+\mathrm{d}x} + \Phi_{y+\mathrm{d}y} + \Phi_{z+\mathrm{d}z}$$

$\dot{E}_g$ 能量发生项是微元体内热源在单位时间内所释放的热，则有 $\dot{E}_g = q_v \cdot \mathrm{d}x\mathrm{d}y\mathrm{d}z$；$\dot{E}_s$ 能量贮存变化项是单位时间内微元体内物质能的增量，即 $\dot{E}_s = \rho c \dfrac{\partial t}{\partial \tau} \cdot \mathrm{d}x\mathrm{d}y\mathrm{d}z$．

将以上 $\dot{E}_i, \dot{E}_g, \dot{E}_o, \dot{E}_s$ 的表达式代入式 $\dot{E}_i - \dot{E}_o = \dot{E}_s - \dot{E}_g$，可得

$$\Phi_x + \Phi_y + \Phi_z - \Phi_{x+dx} - \Phi_{y+dy} - \Phi_{z+dz} + q_v \cdot \mathrm{d}x\mathrm{d}y\mathrm{d}z = \rho c \frac{\partial t}{\partial \tau} \cdot \mathrm{d}x\mathrm{d}y\mathrm{d}z$$

又将 Φ_{x+dx}，Φ_{y+dy}，Φ_{z+dz}一并代入，可得

$$-\frac{\partial \Phi_x}{\partial x}\mathrm{d}x - \frac{\partial \Phi_y}{\partial y}\mathrm{d}y - \frac{\partial \Phi_z}{\partial z}\mathrm{d}z + q_v \cdot \mathrm{d}x\mathrm{d}y\mathrm{d}z = \rho c \frac{\partial t}{\partial \tau} \cdot \mathrm{d}x\mathrm{d}y\mathrm{d}z \tag{9.1}$$

由热流计算公式 $\Phi = -A\lambda \dfrac{\partial t}{\partial n}$ 可以写出

$$\Phi_x = -\lambda \mathrm{d}y\mathrm{d}z \frac{\partial t}{\partial x}$$

$$\Phi_y = -\lambda \mathrm{d}x\mathrm{d}z \frac{\partial t}{\partial y}$$

$$\Phi_z = -\lambda \mathrm{d}x\mathrm{d}y \frac{\partial t}{\partial z}$$

代入式（9.1），在该式的两边同时除以微元控制体的体积 $\mathrm{d}x\mathrm{d}y\mathrm{d}z$，可得

$$\frac{\partial}{\partial x}\left(\lambda \frac{\partial t}{\partial x}\right) + \frac{\partial}{\partial y}\left(\lambda \frac{\partial t}{\partial y}\right) + \frac{\partial}{\partial z}\left(\lambda \frac{\partial t}{\partial z}\right) + q_v = \rho c \frac{\partial t}{\partial \tau} \tag{9.2}$$

或

$$\rho c \frac{\partial t}{\partial \tau} = -\left(\frac{\partial q_x}{\partial x} + \frac{\partial q_y}{\partial y} + \frac{\partial q_z}{\partial z}\right) + q_v \tag{9.3}$$

上述两式是直角坐标系中导热微分方程的一般形式，表达了物体内温度随空间和时间的变化关系．因此，它提供了进行导热分析的基本手段．

当 ρ，c 和 λ 为常量时，式（9.2）可以简化为

$$\frac{\partial t}{\partial \tau} = a\left(\frac{\partial^2 t}{\partial x^2} + \frac{\partial^2 t}{\partial y^2} + \frac{\partial^2 t}{\partial z^2}\right) + \frac{q_v}{\rho c}$$

或写成

$$\frac{\partial t}{\partial \tau} = a \nabla^2 t + \frac{q_v}{\rho c}$$

式中，$\nabla^2 t$ 是温度 t 的拉普拉斯运算符；$a = \dfrac{\lambda}{\rho c}$ 称为热扩散率或导温常数，单位是 m^2/s，它是物质的物性参数．

知识点链接：高等数学——方向导数　梯度　泰勒展式　微分方程

第二节　功与热量

一、可逆过程中膨胀功的计算与图示

设有质量为 1kg 的工质，在气缸中进行一个可逆的膨胀过程，过程曲线如图 9-2 所

示，在这一过程中气体推动活塞对外作功.

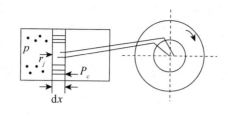

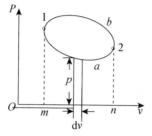

图 9 – 2 可逆过程的功

整个膨胀过程可看成由无限个微元热力过程组成，在每一个微元过程中，气体的压力可以看成是不变的. 假定某一微元过程中活塞移动的距离为 dx，按功的定义，则工质对外界所作的微小膨胀功为 $dW = pAdx$. 式中 p 为工质压力，单位为 Pa；A 为截面面积，单位为 m^2.

由于 Adx 等于微元过程中体积的增量，以 dv 表示，则 $dW = pdv$.

工质的膨胀功为：$W = \int_{v_1}^{v_2} pdv$.

二、热力学微分方程式

（1）吉布斯方程组.

根据热力学第一定律及第二定律，对于任何纯物质，在封闭热力系统、可逆过程的条件下，可得

$$du = Tds - pdv$$

根据焓的表达式 $h \equiv u + pv$，焓的全微分可表示为

$$dh = du + pdv + vdp = Tds + vdp$$

根据亥姆霍兹函数的表达式 $f \equiv u - Ts$，它的全微分形式可表达为

$$df = du - Tds - sdT = -sdT - pdv$$

根据吉布斯函数的表达式 $g \equiv h - Ts$，它的全微分形式可表达为

$$dg = dh - Tds - sdT = -sdT + vdp$$

这四个方程统称为吉布斯方程组.

（2）特性函数的性质.

对于有一个热学参数（T 或 s）和一个力学参数（p 或 v）作为自变量的热力学函数，如果该函数确定，就能完全确定系统的平衡状态. 将具有这种特性的热力学函数定义为特性函数.

具有上述性质的特性函数共有四个，这些特性函数及其全微分可表达如下：

$$u=u(s,\ v),\quad \mathrm{d}u=\frac{\partial u}{\partial s}\mathrm{d}s+\frac{\partial u}{\partial v}\mathrm{d}v$$

$$h=h(s,\ p),\quad \mathrm{d}h=\frac{\partial h}{\partial s}\mathrm{d}s+\frac{\partial h}{\partial p}\mathrm{d}p$$

$$f=f(T,\ v),\quad \mathrm{d}f=\frac{\partial f}{\partial T}\mathrm{d}T+\frac{\partial f}{\partial v}\mathrm{d}v$$

$$g=g(T,\ p),\quad \mathrm{d}g=\frac{\partial g}{\partial T}\mathrm{d}T+\frac{\partial g}{\partial p}\mathrm{d}p$$

知识点链接： 高等数学——积分　微元法　全微分

第三节　几个涉及微分方程的例子

一、无限大平壁非稳定导热的分析解

导热微分方程

$$\begin{cases} \dfrac{\partial t}{\partial \tau}=a\dfrac{\partial^2 t}{\partial x^2} \\[2mm] \tau=0,\ t=t_0 \\[2mm] x=0,\ \dfrac{\partial t}{\partial x}\Big|_{x=0}=0 \\[2mm] x=\delta-\lambda\dfrac{\partial t}{\partial x}\Big|_{x=\delta}=h(t-t_f) \end{cases}$$

引入新的变量——过余温度 $\theta=t-t_f$，则以上各式可以改写成

$$\begin{cases} \dfrac{\partial \theta}{\partial \tau}=a\dfrac{\partial^2 \theta}{\partial x^2} \\[2mm] \tau=0,\ \theta=\theta_0 \\[2mm] x=0,\ \dfrac{\partial \theta}{\partial x}\Big|_{x=0}=0 \\[2mm] x=\delta-\lambda\dfrac{\partial \theta}{\partial x}\Big|_{x=\delta}=h\theta \end{cases}$$

应用分离变量法求解上述偏微分方程，为使之化为常微分方程，令 $\theta(x,\ \tau)=X(x)\psi(\tau)$，则

$$X\frac{\mathrm{d}\psi}{\mathrm{d}\tau}=a\psi\frac{\mathrm{d}^2X}{\mathrm{d}x^2}$$

$$\frac{1}{a\psi}\frac{\mathrm{d}\psi}{\mathrm{d}\tau}=\frac{1}{X}\frac{\mathrm{d}^2X}{\mathrm{d}x^2}$$

此式的两端各是一个自变量的函数，故只有当等式两端各自等于同一个常数时才能成立，故令该常数为 m，则可得两个常微分方程

$$\frac{1}{X}\frac{\mathrm{d}^2X}{\mathrm{d}x^2}=m$$

$$\frac{1}{a\psi}\frac{\mathrm{d}\psi}{\mathrm{d}\tau}=m$$

上式积分得 $\psi=C_1\mathrm{e}^{am\tau}$，式中 C_1 为常数，常数 m 的正负可以从物理意义上加以确定，在平壁被周围介质冷却的过程中，当冷却时间 $\tau\to\infty$ 时，过程达到稳定，平壁内的温度等于周围介质的温度，若要如此，则式中的 m 只能为负值。否则，当 $\tau\to+\infty$ 时，$\psi\to+\infty$，从而 $\theta(x, \tau)\to+\infty$，所以，可以令 $m=-\varepsilon^2$，代入方程组，得

$$\begin{cases} \dfrac{\mathrm{d}\psi}{\mathrm{d}\tau}=-a\varepsilon^2\psi \\[2mm] \dfrac{\mathrm{d}^2X}{\mathrm{d}x^2}=-\varepsilon^2X \end{cases}$$

通解分别为

$$\psi=C_1\mathrm{e}^{am\tau}, \quad X=C_2\cos(\varepsilon x)+C_3\sin(\varepsilon x)$$

于是 $\theta(x, \tau)=\mathrm{e}^{-a\varepsilon^2\tau}[A\cos(\varepsilon x)+B\sin(\varepsilon x)]$.

二、集总参数法

设有一个体积为 V、表面积为 A、初始温度为 t_0、常物性无内热源的任意形状物体，突然将它置于温度恒为 t_1 的物体中冷却，物体表面与流体之间的导热系数为 α. 假定物体内部的导热热阻可以忽略不计，试求该物体的温度随时间的变化规律.

根据给出的条件，上述冷却过程开始后，物体通过对流热将热量传给周围介质，物体的内能不断减少，温度不断下降. 现取整个物体为控制体，并以 t 表示任意时刻的物体的平均温度，则可以列出能量平衡方程式如下：

$$-\rho cV\frac{\mathrm{d}t}{\mathrm{d}\tau}=hA(t-t_f)$$

满足初始条件当 $\tau=0$ 时，$t=t_0$，引入过余温度 $\theta=t-t_f$，则上式变为

$$\rho cV\frac{\mathrm{d}\theta}{\mathrm{d}\tau}=-hA\theta$$

$$\tau=0, \quad \theta=\theta_0=t_0-t_f$$

上式分离变量后积分，得

$$\int_{\theta_0}^{\theta} \frac{\mathrm{d}\theta}{\theta} = -\int_0^{\tau} \frac{hA}{\rho cV} \mathrm{d}\tau$$

解得

$$\frac{\theta}{\theta_0} = \frac{t - t_f}{t_0 - t_f} = \mathrm{e}^{-\frac{\tau}{T_\tau}}, \ T_\tau = \frac{\rho cV}{hA}$$

例：一直径为 13mm 的低碳钢（$\omega_c \approx 0.5\%$）球，初温度为 540℃．突然将它放入温度为 27℃ 的空气中冷却，表面导热系数为 110W/($\mathrm{m}^2 \cdot \mathrm{K}$)，试求钢球冷却到 95℃ 所需要的时间．

解：由金属材料的密度、比热容和导热系数关系可知低碳钢的密度 $\rho = 7\,840\mathrm{kg/m}^3$，$c = 465\mathrm{J/(kg \cdot K)}$．又钢球的体积

$$V = \frac{4}{3}\pi R^3 = \frac{4}{3}\pi (6.5 \times 10^{-3})^3 = 1.15 \times 10^{-6} \mathrm{m}^3$$

因此，钢球在冷却过程中的时间常数为

$$T_\tau = \frac{\rho cV}{hA} = \frac{7\,840 \times 465 \times 1.15 \times 10^{-6}}{110 \times \pi \times 0.013^2} = 71.786(\mathrm{s}) = 1.196\,4(\mathrm{min})$$

进而得 $\quad \dfrac{\theta}{\theta_0} = \dfrac{t - t_f}{t_0 - t_f} = \dfrac{95 - 27}{540 - 27} = \mathrm{e}^{-\frac{\tau}{T_\tau}} = 0.132\,6$

解得钢球冷却到 95℃ 所需要的时间为

$$\tau = 2.42(\mathrm{min})$$

三、导热控制方程式的离散化

在求解区域离散化的基础上，对导热控制方程式进行离散化处理，即可得到相应的节点温度方程式，也称为有限差分离散方程．

建立差分离散方程的常用方法之一就是用差商代替导数．

设温度函数为 $t = f(x)$，在 x_i 处有温度值 t_i，当自变量 x 增加 Δx，自变量 t 增加 Δt，这里 Δx 为自变量 x 的差分，Δt 为自变量 t 的差分．

$$\Delta t_i = t_{i+1} - t_i = f(x_i + \Delta x) - f(x_i)$$

这种差分表达式称为函数 $t = f(x)$ 在 t_i 的一阶向前差分．

$$\Delta t_i = t_i - t_{i-1} = f(x_i) - f(x_i - \Delta x)$$

这种差分表达式称为函数 $t = f(x)$ 在 t_i 的一阶向后差分．

$$\Delta t_i = t_{i+\frac{1}{2}} - t_{i-\frac{1}{2}}$$

这种差分表达式称为函数 $t = f(x)$ 在 t_i 的中心差分．

对函数 $t = f(x)$ 的一阶差分再取差分，则得到二阶差分，记为 $(\Delta^2 t)$，即 $(\Delta^2 t)_i = \Delta(\Delta t_i)_i$，二阶中心差分可以表示为

$$(\Delta^2 t)_i = \Delta(t_{i+\frac{1}{2}} - t_{i-\frac{1}{2}}) = (t_{i+1} - t_i) - (t_i - t_{i-1}) = t_{i+1} + t_{i-1} - 2t_i$$

因变量的有限差分与自变量的有限差分之比 $\Delta t / \Delta x$ 称为差商.

根据差分的形式，差商同样也有一阶向后差商、一阶向前差商、一阶中心差商.

一阶向前差商 $\left(\dfrac{\Delta t}{\Delta x}\right)_i = \dfrac{t_{i+1} - t_i}{\Delta x}$.

一阶向后差商 $\left(\dfrac{\Delta t}{\Delta x}\right)_i = \dfrac{t_i - t_{i-1}}{\Delta x}$.

一阶中心差商 $\left(\dfrac{\Delta t}{\Delta x}\right)_i = \dfrac{t_{i+\frac{1}{2}} - t_{i-\frac{1}{2}}}{\Delta x}$.

对上述差商再次取差商，构成二阶差商，记为

$$\left(\frac{\Delta^2 t}{\Delta x^2}\right)_i = \Delta \left(\frac{\Delta t}{\Delta x}\right)_i \Big/ \Delta x$$

二阶中心差商表示为

$$\left(\frac{\Delta^2 t}{\Delta x^2}\right)_i = \Delta \left(\frac{t_{i+\frac{1}{2}} - t_{i-\frac{1}{2}}}{\Delta x}\right)_i \Big/ \Delta x = \frac{t_{i+1} + t_{i-1} - 2t_i}{\Delta x^2}$$

根据导数的定义，当 Δx 很小时，有

$$\frac{\mathrm{d}t}{\mathrm{d}x} \approx \frac{\Delta t}{\Delta x}, \ \frac{\mathrm{d}^2 t}{\mathrm{d}x^2} \approx \frac{\Delta^2 t}{\Delta x^2}$$

于是，导热微分方程中导数用差商代替，则化为差分方程.

例　已知微分方程为

$$\frac{\mathrm{d}^2 t}{\mathrm{d}x^2} - 2t = 0$$

$t(0) = 1$，$t(4) = 0$. 试将此微分方程离散为差分方程.

解：选择节点 i 及其相邻的节点 $i+1$，$i-1$ 并将此代入微分方程，经整理，得

$$t_{i+1} + t_{i-1} - 2(1 + \Delta x^2) t_i = 0$$

知识点链接：高等数学——微元法　微分方程　积分方程　差分方程

第 10 章　样本统计中的数学模型

本章讨论了样本统计中的几个数学模型，包括各类测量误差及其数据处理，观测数据的数字特征，线性回归模型及其矩阵表示，总体主成分，正交因子模型，参数的最大似然估计与牛顿迭代解法．本章主要参考了文献 [36]、[37]、[38]．

第一节　各类测量误差及其数据处理

评定随机误差的特性时，以服从正态分布曲线的标准差作为评定指标，根据概率论的有关知识，正态分布曲线的数学表达式为

$$y = \frac{1}{\sigma\sqrt{2\pi}} e^{-\frac{\delta^2}{2\sigma^2}}$$

式中，y 表示概率密度，e 表示自然对数的底，σ 表示标准偏差，δ 表示随机误差．

从上面的概率密度函数可知，概率密度 y 与随机误差 δ 和标准差 σ 有关．当 $\delta = 0$ 时，概率密度最大，且有 $y_{max} = \dfrac{1}{\sigma\sqrt{2\pi}}$，概率密度的最大值 y_{max} 与标准差 σ 成反比，标准差 σ 表示随机误差的离散程度．可见，σ 越小，y_{max} 越大，分布曲线越陡峭，测得的值越集中，即测量精度越高；σ 越大，y_{max} 越小，分布曲线越平坦，测得的值越分散，即测量精度越低．

按照误差理论，随机误差的标准差 σ 的计算公式为

$$\sigma = \sqrt{\frac{\sum\limits_{i=1}^{n} \delta_i^2}{n}}$$

式中，$\delta_i\ (i=1,\ 2,\ \cdots,\ n)$ 表示各次测得的随机误差.

例如，在经典的数理统计中，一般我们用 $\sqrt{\sum\limits_{i=1}^{n}\delta_i^2/(n-1)}$ 代替标准差 σ，这是考虑到无偏性的问题，工程中我们一般用 $\sqrt{\sum\limits_{i=1}^{n}\delta_i^2/n}$ 代替 σ.

知识点链接：概率论与数理统计——概率密度　正态分布

第二节　观测数据的数字特征

在概率论与数理统计课程中，有协方差和相关系数的概念. 协方差是描述二维随机变量的两个分量间相互关联程度的一个特征数. 如果将协方差计算公式中的变量相应地标准化，就得到相关系数. 下面给出在实际问题的讨论中样本的协方差与相关系数的计算方法.

设 $(X_1,\ X_2,\ \cdots,\ X_p)^{\mathrm{T}}$ 是 p 元总体，从中取得样本数据：

$$(x_{11},\ x_{12},\ \cdots,\ x_{1p})^{\mathrm{T}}$$
$$(x_{21},\ x_{22},\ \cdots,\ x_{2p})^{\mathrm{T}}$$
$$\cdots\cdots$$
$$(x_{n1},\ x_{n2},\ \cdots,\ x_{np})^{\mathrm{T}}$$

第 i 个观测数据记为

$$x_i=(x_{i1},\ x_{i2},\ \cdots,\ x_{ip})^{\mathrm{T}},\quad i=1,\ 2,\ \cdots,\ n$$

称为样本. 引入样本数据观测矩阵

$$X=\begin{pmatrix} x_{11} & x_{21} & \cdots & x_{n1} \\ x_{12} & x_{22} & \cdots & x_{n2} \\ \vdots & \vdots & & \vdots \\ x_{1p} & x_{2p} & \cdots & x_{np} \end{pmatrix}=(x_1\quad x_2\quad \cdots\quad x_n)$$

它是 $p\times n$ 阶矩阵，它的 n 个列即是 n 个样本 $x_1,\ x_2,\ \cdots,\ x_n$，它们是来自 p 元总体 $(X_1,\ X_2,\ \cdots,\ X_p)^{\mathrm{T}}$ 的样本，观测矩阵 X 的 p 个变量 $X_1,\ X_2,\ \cdots,\ X_p$ 在 n 次试验中所取的值，记

$$x_{(j)}=(x_{1j},\ x_{2j},\ \cdots,\ x_{nj})^{\mathrm{T}},\quad j=1,\ 2,\ \cdots,\ p$$

称为观测值向量，有

$$X=\begin{pmatrix} x_{(1)}^{\mathrm{T}} \\ x_{(2)}^{\mathrm{T}} \\ \vdots \\ x_{(p)}^{\mathrm{T}} \end{pmatrix}$$

(1) 第 j 行 $x_{(j)}^{\mathrm{T}}$ 的均值：

$$\overline{x}_j = \frac{1}{n}\sum_{i=1}^{n} x_{ij}, \quad j = 1, 2, \cdots, p$$

(2) 第 j 行 $x_{(j)}^{\mathrm{T}}$ 的方差：

$$s_j^2 = \frac{1}{n-1}\sum_{i=1}^{n}(x_{ij} - \overline{x}_j)^2, \quad j = 1, 2, \cdots, p$$

(3) $x_{(j)}$ 与 $x_{(k)}$ 的协方差：

$$s_{jk} = \frac{1}{n-1}\sum_{i=1}^{n}(x_{ij} - \overline{x}_j)(x_{ik} - \overline{x}_k), \quad j, k = 1, 2, \cdots, p \tag{10.1}$$

$x_{(j)}$ 与自身的协方差（即 $x_{(j)}$ 的方差）的表达式为

$$s_{jj} = s_j^2, \quad j = 1, 2, \cdots, p$$

称

$$\overline{x} = (\overline{x}_1, \overline{x}_2, \cdots, \overline{x}_p)^{\mathrm{T}}$$

是 p 元样本数据的均值向量，称

$$S = \begin{pmatrix} s_{11} & s_{12} & \cdots & s_{1p} \\ s_{12} & s_{22} & \cdots & s_{2p} \\ \vdots & \vdots & & \vdots \\ s_{1p} & s_{2p} & \cdots & s_{pp} \end{pmatrix} \tag{10.2}$$

为样本观测数据的协方差矩阵.

均值向量 $\overline{x}$ 与协方差矩阵 S 是 p 元观测数据的重要数字特征. $\overline{x}$ 表示 p 元观测数据的集中位置，而协方差矩阵 S 的对角线元素分别是各个变量观测数据的方差，而非对角线元素是观测数据之间的协方差.

(4) $x_{(j)}$ 与 $x_{(k)}$ 的相关系数为：

$$r_{jk} = \frac{s_{jk}}{\sqrt{s_{jj}}\sqrt{s_{kk}}} = \frac{s_{jk}}{s_j s_k}, \quad j, k = 1, 2, \cdots, p$$

称

$$R = \begin{pmatrix} 1 & r_{12} & \cdots & r_{1p} \\ r_{12} & 1 & \cdots & r_{2p} \\ \vdots & \vdots & & \vdots \\ r_{1p} & r_{2p} & \cdots & 1 \end{pmatrix} \tag{10.3}$$

是观测数据的相关矩阵，记

$$D = \mathrm{diag}(s_{11}, s_{22}, \cdots, s_{pp}) = \mathrm{diag}(s_1^2, s_2^2, \cdots, s_p^2)$$

则有

$$R = D^{-\frac{1}{2}} S D^{-\frac{1}{2}}$$

相关矩阵 R 是 p 元观测数据的重要数字特征，它刻画了变量之间的线性关系的密切程度.

知识点链接：概率论与数理统计——随机变量；线性代数——矩阵　分块运算

第三节　线性回归模型及其矩阵表示

设 Y 是一个可观测的随机变量，它受到 $p-1$ 个非随机因素 X_1，X_2，$\cdots$，X_{p-1} 和随机误差 ε 的影响，若 Y 与非随机因素 X_1，X_2，$\cdots$，X_{p-1} 有如下关系：

$$Y = \beta_0 + \beta_1 X_1 + \beta_2 X_2 + \cdots + \beta_{p-1} X_{p-1} + \varepsilon$$

式中，β_0，β_1，β_2，$\cdots$，β_{p-1} 是未知参数；ε 是均值为零、方差 $\sigma^2 > 0$ 的不可观测的随机变量，称为误差项，$\varepsilon \sim N(0, \sigma^2)$（正态分布）. 该模型称为线性回归模型，且称若 Y 为因变量，则 X_1，X_2，$\cdots$，X_{p-1} 为自变量.

要建立线性回归模型，首先要估计未知参数 β_0，β_1，β_2，$\cdots$，β_{p-1}，为此，我们进行 n 次独立观测，得到 n 组数据

$$(x_{i1}, x_{i2}, \cdots, x_{i(p-1)}; y_i), \quad i = 1, 2, \cdots, n$$

它满足

$$\begin{cases} y_1 = \beta_0 + \beta_1 x_{11} + \beta_2 x_{12} + \cdots + \beta_{p-1} x_{1(p-1)} + \varepsilon_1 \\ y_2 = \beta_0 + \beta_1 x_{21} + \beta_2 x_{22} + \cdots + \beta_{p-1} x_{2(p-1)} + \varepsilon_2 \\ \qquad\qquad\qquad \cdots\cdots \\ y_n = \beta_0 + \beta_1 x_{n1} + \beta_2 x_{n2} + \cdots + \beta_{p-1} x_{n(p-1)} + \varepsilon_n \end{cases} \tag{10.4}$$

其中 ε_1，ε_2，$\cdots$，ε_n 相互独立，且均服从 $N(0, \sigma^2)$ 分布，记

$$Y = \begin{bmatrix} y_1 \\ y_2 \\ \vdots \\ y_n \end{bmatrix}, \quad X = \begin{bmatrix} 1 & x_{11} & x_{12} & \cdots & x_{1(p-1)} \\ 1 & x_{21} & x_{22} & \cdots & x_{2(p-1)} \\ \vdots & \vdots & \vdots & & \vdots \\ 1 & x_{n1} & x_{n2} & \cdots & x_{n(p-1)} \end{bmatrix}$$

$$\beta = \begin{bmatrix} \beta_0 \\ \beta_1 \\ \vdots \\ \beta_{p-1} \end{bmatrix}, \quad \varepsilon = \begin{bmatrix} \varepsilon_1 \\ \varepsilon_2 \\ \vdots \\ \varepsilon_n \end{bmatrix}$$

上面的式子写成矩阵的形式为

$$Y = X\beta + \varepsilon \tag{10.5}$$

式中，Y 为观测向量，X 为设计矩阵，它们都是由观测数据得到的，是已知的. 进一步可以通过矩阵的诸如最小二乘法来估计未知参数 β_0，β_1，β_2，$\cdots$，β_{p-1}，这里不再讨论.

> **知识点链接：** 线性代数——线性方程组理论；概率论与数理统计——随机变量

第四节　总体主成分

（一）总体主成分的定义

设 X_1，X_2，$\cdots$，X_p 为实际问题所涉及的 p 个随机变量，记 $X = (X_1, X_2, \cdots, X_p)^{\mathrm{T}}$，其协方差矩阵为

$$\Sigma = (\sigma_{ij})_{p \times p} = E[(X - E(X))(X - E(X))^{\mathrm{T}}]$$

它是一个 p 阶非负定矩阵，设 $l_i = (l_{i1}, l_{i2}, \cdots, l_{ip})^{\mathrm{T}}$，$i = 1, 2, \cdots, p$，为 p 个常数向量，考虑如下线性组合

$$\begin{cases} Y_1 = l_1^{\mathrm{T}} X = l_{11} X_1 + l_{12} X_2 + \cdots + l_{1p} X_p \\ Y_2 = l_2^{\mathrm{T}} X = l_{21} X_1 + l_{22} X_2 + \cdots + l_{2p} X_p \\ \qquad\qquad\cdots\cdots \\ Y_p = l_p^{\mathrm{T}} X = l_{p1} X_1 + l_{p2} X_2 + \cdots + l_{pp} X_p \end{cases}$$

易知如下方差与协方差关系的表达式：

$$\mathrm{Var}(Y_i) = \mathrm{Var}(l_i^{\mathrm{T}} X) = l_i^{\mathrm{T}} \Sigma l_i, \quad i = 1, 2, \cdots, p$$
$$\mathrm{Cov}(Y_i, Y_j) = \mathrm{Cov}(l_i^{\mathrm{T}} X, l_j^{\mathrm{T}} X) = l_i^{\mathrm{T}} \Sigma l_j, \quad i = 1, 2, \cdots, p$$

如果我们希望用 Y_1 代替原来 p 个 X_1，X_2，$\cdots$，X_p，就要求 Y_1 尽可能地反映原来 p 个变量的信息，这里的"信息"用 Y_1 的方差来度量，即要求 $\mathrm{Var}(Y_1) = l_1^{\mathrm{T}} \Sigma l_1$ 达到最大，但对于任意常数 k，若 $\bar{l}_1 = k l_1$，则 $\mathrm{Var}(\bar{l}_1^{\mathrm{T}} X) = k^2 l_1^{\mathrm{T}} \Sigma l_1$. 因此，必须对 l_1 加以限制，否则 $\mathrm{Var}(Y_1)$ 无界，最方便的限制就是要求 l_1 具有单位长度，即在约束条件 $1 = l_1^{\mathrm{T}} l_1$ 之下，求 l_1 使 $\mathrm{Var}(Y_1)$ 达到最大，由此确定的 $Y_i = l_i^{\mathrm{T}} X$ 称为 X_1，X_2，$\cdots$，X_p 的第一主成分. 如果第一主成分还不足以反映原变量的信息，进一步求 Y_2. 为了使 Y_1，Y_2 不相关，即

$$\mathrm{Cov}(Y_1, Y_2) = l_1^{\mathrm{T}} \Sigma l_2 = 0$$

于是，在约束条件 $1 = l_2^{\mathrm{T}} l_2$ 及 $l_1^{\mathrm{T}} \Sigma l_2 = 0$ 下，求 l_2 使 $\mathrm{Var}(Y_2)$ 达到最大，由此确定的 $Y_2 = l_2^{\mathrm{T}} X$ 称为 X_1，X_2，$\cdots$，X_p 的第二主成分.

一般地，在约束条件 $1=l_i^T l_i$ 及 $\mathrm{Cov}(Y_i，Y_k)=l_i^T \Sigma l_k=0(k=1，2，\cdots，i-1)$ 下，求 l_i 使 $\mathrm{Var}(Y_i)$ 达到最大，由此确定随机变量的 $Y_i=l_i^T X$ 称为 $X_1，X_2，\cdots，X_p$ 的第 i 主成分.

知识点链接：概率论与数理统计——随机变量；高等数学——函数的极值

（二）总体主成分的求法

设 Σ 为 $X=(X_1，X_2，\cdots，X_p)^T$ 的协方差矩阵，Σ 的特征根和单位正交特征向量分别为 $\lambda_1 \geqslant \lambda_2 \geqslant \cdots \geqslant \lambda_p \geqslant 0$ 及 $e_1，e_2，\cdots，e_p$，则 X 的第 i 个主成分为

$$Y_i=e_{i1}X_1+e_{i2}X_2+\cdots+e_{ip}X_p，\quad i=1，2，\cdots，p$$

其中 $e_i=(e_{i1}，e_{i2}，\cdots，e_{ip})^T$，这时易见

$$\mathrm{Var}(Y_i)=e_i^T \Sigma e_i=\lambda_i e_i^T e_i=\lambda_i，\quad i=1，2，\cdots，p$$
$$\mathrm{Cov}(Y_i，Y_k)=e_i^T \Sigma e_k=\lambda_i e_i^T e_k=0，\quad i\neq k$$

事实上，令 $P=(e_1，e_2，\cdots，e_p)$，则 P 为正交矩阵，且

$$P^T \Sigma P=\Lambda=\mathrm{Diag}(\lambda_1，\lambda_2，\cdots，\lambda_p)$$

其中 $\mathrm{Diag}(\lambda_1，\lambda_2，\cdots，\lambda_p)$ 表示对角矩阵.

设 $Y_1=l_1^T X$ 为 X 的第一主成分，$1=l_1^T l_1$，令

$$z_1=(z_{11}，z_{12}，\cdots，z_{1p})^T=P^T l_1$$

则

$$\mathrm{Var}(Y_1)=l_1^T \Sigma l_1=z_1^T P^T \Sigma P z_1=\lambda_1 z_{11}^2+\lambda_2 z_{12}^2+\cdots\lambda_p z_{1p}^2 \leqslant \lambda_1 z_1^T z_1=\lambda_1$$

并且当 $z_1=(1，0，\cdots，0)^T$ 时，等号成立，这时，

$$l_1=Pz_1=e_1$$

由此可知，在约束条件 $1=l_1^T l_1$ 下，当 $l_1=e_1$ 时，$\mathrm{Var}(Y_1)$ 达到最大，且

$$\max_{1=l_i^T l_i}\{\mathrm{Var}(Y_1)\}=\mathrm{Var}(e_1^T X)=\lambda_1$$

设 $Y_2=l_2^T X$ 称为 X 的第二主成分，则有

$$1=l_2^T l_2 \text{ 且 } \mathrm{Cov}(Y_2，Y_1)=l_2^T \Sigma e_1=0$$

令

$$z_2=(z_{21}，z_{22}，\cdots，z_{2p})^T=P^T l_2$$

则有

$$\mathrm{Var}(Y_2)=l_2^T \Sigma l_2=z_2^T P^T \Sigma P z_2=\lambda_1 z_{21}^2+\lambda_2 z_{22}^2+\cdots\lambda_p z_{2p}^2 \leqslant \lambda_2 z_2^T z_2=\lambda_2$$

并且当 $z_2=(0, 1, \cdots, 0)^T$，即 $l_2=Pz_2=e_2$ 时，$\mathrm{Var}(Y_2)=\lambda_2$，由此可知 $l_2=e_2$ 时，满足 $1=l_2^T l_2$，$\mathrm{Cov}(Y_2, Y_1)=0$，且使得 $\mathrm{Var}(Y_2)=\lambda_2$ 达到最大.

知识点链接：线性代数——矩阵对角化；高等数学——函数的极值

第五节　正交因子模型

设 $X=(X_1, X_2, \cdots, X_p)^T$ 是可观测的随机变量，$E(X)=\mu$，$\mathrm{Cov}(X)=\Sigma$，且设

$$F=(F_1, F_2, \cdots, F_m)^T, \quad m<p$$

是不可观测的随机向量，$E(F)=0$，$\mathrm{Cov}(F)=I_m$（即 F 的各分量方差为 1，且互不相关）. 又设 $\varepsilon=(\varepsilon_1, \varepsilon_2, \cdots, \varepsilon_p)^T$ 与 F 互不相关，且

$$E(\varepsilon)=\mu, \quad \mathrm{Cov}(\varepsilon)=\mathrm{diag}(\sigma_1^2, \sigma_2^2, \cdots, \sigma_p^2)=D$$

假定随机向量 X 满足以下模型：

$$\begin{cases} X_1-\mu_1=a_{11}F_1+a_{12}F_2+\cdots+a_{1m}F_m+\varepsilon_1 \\ X_2-\mu_2=a_{21}F_1+a_{22}F_2+\cdots+a_{2m}F_m+\varepsilon_2 \\ \qquad\qquad\cdots\cdots \\ X_p-\mu_p=a_{p1}F_1+a_{p2}F_2+\cdots+a_{pm}F_m+\varepsilon_p \end{cases}$$

则称模型为正交因子模型，矩阵表示为

$$X=\mu+AF+\varepsilon$$

其中，$F=(F_1, F_2, \cdots, F_m)^T$，$F_1, F_2, \cdots, F_m$ 称为 X 的公共因子；$\varepsilon=(\varepsilon_1, \varepsilon_2, \cdots, \varepsilon_p)^T$，$\varepsilon_1, \varepsilon_2, \cdots, \varepsilon_p$ 称为 X 的特殊因子；矩阵 $A=(a_{ij})_{p\times m}$ 是待估的系数矩阵，称为因子载荷.

在正交因子模型中，假设公共因子彼此不相关且具有单位方差，即

$$\Sigma=\mathrm{Cov}(X)=E[(X-\mu)(X-\mu)^T]=E[(AF+\varepsilon)(AF+\varepsilon)^T]$$
$$=A\mathrm{Cov}(F)A^T+\mathrm{Cov}(\varepsilon)=AA^T+D$$

即得 $\Sigma=AA^T+D$，由此可知，若设 $\sigma_{jk}=\mathrm{Cov}(Y_j, Y_k)$，则有

$$\begin{cases} \sigma_{jk}=a_{j1}a_{k1}+a_{j2}a_{k2}+\cdots+a_{jm}a_{km}, & j\neq k \\ \sigma_{jj}=a_{j1}^2+a_{j2}^2+\cdots+a_{jm}^2+\sigma_j^2, & j=k \end{cases}$$

当变量 X_i 被标准化，即取

$$X_i^*=(X_i-\mu_i)/\sigma_{ii}, \quad i=1, 2, \cdots, p$$

则 $X^*=(X_1^*，X_2^*，\cdots，X_p^*)^{\mathrm{T}}$ 的协方差矩阵为 R.

第六节　参数的最大似然估计与牛顿迭代解法

设变量 $X=(X_1，X_2，\cdots，X_p)^{\mathrm{T}}$ 给定了 m 组值

$$\begin{cases} x_1=(x_{11}，x_{12}，\cdots，x_{1(p-1)})^{\mathrm{T}} \\ x_2=(x_{21}，x_{22}，\cdots，x_{2(p-1)})^{\mathrm{T}} \\ \qquad\cdots\cdots \\ x_m=(x_{m1}，x_{m2}，\cdots，x_{m(p-1)})^{\mathrm{T}} \end{cases}$$

对于第 α 组值 x_α，共独立观测了 $n_\alpha(\alpha=1，2，\cdots，m)$ 次，令 Y_α 为在对 x_α 的 n_α 次观测中事件 A 发生的次数，记 $\pi(x_\alpha)$ 为在 $x=x_\alpha$ 下事件 A 发生的概率，则

$$Y_\alpha\sim b(n_\alpha，\pi(x_\alpha))，\quad \alpha=1，2，\cdots，m$$

令

$$\bar{x}_\alpha=(1，x_\alpha^{\mathrm{T}})^{\mathrm{T}}=(x_{\alpha0}，x_{\alpha1}，x_{\alpha2}，\cdots，x_{\alpha(p-1)})^{\mathrm{T}}，\quad \alpha=1，2，\cdots，m$$

其中 $x_{\alpha0}=1，\alpha=1，2，\cdots，m$，则相应的线性 Logistic 模型为

$$\ln\left[\frac{\pi(x_\alpha)}{1-\pi(x_\alpha)}\right]=\bar{x}_\alpha^{\mathrm{T}}\beta，\quad \alpha=1，2，\cdots，m$$

或

$$\pi(x_\alpha)=\frac{\exp(\bar{x}_\alpha^{\mathrm{T}}\beta)}{1+\exp(\bar{x}_\alpha^{\mathrm{T}}\beta)}，\quad \alpha=1，2，\cdots，m$$

其中 $\beta=(\beta_0，\beta_1，\beta_2，\cdots，\beta_{p-1})^{\mathrm{T}}$ 为未知参数，设似然函数

$$L(\beta;y_1，y_2，\cdots，y_m)=P\{Y_1=y_1，Y_2=y_2，\cdots，Y_m=y_m\}=\prod_{\alpha=1}^{m}P\{Y_\alpha=y_\alpha\}$$

$$=\prod_{\alpha=1}^{m}\binom{n_\alpha}{y_\alpha}(\pi(x_\alpha))^{y_\alpha}(1-\pi(x_\alpha))^{n_\alpha-y_\alpha}$$

对数似然函数为

$$\ln L(\beta;y_1，y_2，\cdots，y_m)=\ln\prod_{\alpha=1}^{m}\binom{n_\alpha}{y_\alpha}+\sum_{\alpha=1}^{m}y_\alpha\ln(\pi(x_\alpha))+\sum_{\alpha=1}^{m}(n_\alpha-y_\alpha)\ln(1-\pi(x_\alpha))$$

$$=\ln\prod_{\alpha=1}^{m}\binom{n_\alpha}{y_\alpha}-\sum_{\alpha=1}^{m}n_\alpha\ln[1+\exp(\bar{x}_\alpha^{\mathrm{T}}\beta)]+\sum_{\alpha=1}^{m}y_\alpha\bar{x}_\alpha^{\mathrm{T}}\beta$$

由于

$$\bar{x}_\alpha^{\mathrm{T}}\beta = \sum_{k=0}^{p-1} y_{\alpha k}\beta_k$$

故对于 $\beta_k(k=0,1,\cdots,p-1)$,

$$\frac{\partial \ln L(\beta; y_1, y_2, \cdots, y_m)}{\partial \beta_k} = \sum_{\alpha=1}^{m} y_\alpha x_{\alpha k} - \sum_{\alpha=1}^{m} \frac{n_\alpha x_{\alpha k}\exp(\bar{x}_\alpha^{\mathrm{T}}\beta)}{1+\exp(\bar{x}_\alpha^{\mathrm{T}}\beta)}$$

$$= \sum_{\alpha=1}^{m} y_\alpha x_{\alpha k} - \sum_{\alpha=1}^{m} n_\alpha x_{\alpha k}\pi(x_\alpha)$$

$$= 0$$

得似然方程

$$\sum_{\alpha=1}^{m} y_\alpha x_{\alpha k} = \sum_{\alpha=1}^{m} n_\alpha x_{\alpha k}\pi(x_\alpha), \quad k = 0,1,2,\cdots,p-1$$

为了简化表示,我们将似然方程写成矩阵形式,为此令

$$X = \begin{pmatrix} 1 & x_{11} & x_{12} & \cdots & x_{1(p-1)} \\ 1 & x_{21} & x_{22} & \cdots & x_{2(p-1)} \\ \vdots & \vdots & \vdots & & \vdots \\ 1 & x_{m1} & x_{m2} & \cdots & x_{m(p-1)} \end{pmatrix}$$

$$N = \begin{pmatrix} n_1\pi(x_1) \\ n_2\pi(x_2) \\ \vdots \\ n_m\pi(x_m) \end{pmatrix}, \quad Y = \begin{pmatrix} y_1 \\ y_2 \\ \vdots \\ y_m \end{pmatrix}$$

则似然方程可以写为如下矩阵形式

$$X^{\mathrm{T}}N = X^{\mathrm{T}}Y$$

求解关于 β 的方程组,得到 β 的极大似然估计 $\bar{\beta}$.

知识点链接:线性代数——线性方程组;概率论与数理统计——极大似然估计

参考文献

［1］吴军. 数学之美. 北京：人民邮电出版社，2012

［2］夏红霞，宋华珠，钟珞. 算法设计与分析. 武汉：武汉大学出版社，2007

［3］［美］凯沙夫. 纪其进，等译. 计算机网络数学基础. 北京：清华大学出版社，2014

［4］张德丰. 数字图像处理（MATLAB 版）. 北京：人民邮电出版社，2009

［5］王汝传，黄海平，林巧民. 计算机图形学. 北京：人民邮电出版社，2009

［6］Kenneth R. Castleman. 朱志刚，等译. 数字图像处理. 北京：电子工业出版社，2002

［7］阮秋琦. 数字图像处理. 北京：电子工业出版社，2001

［8］谭铁牛. 生物识别研究新进展（一）. 北京，清华大学出版社，2002

［9］李华，范多旺等. 计算机控制系统. 北京：机械工业出版社，2007

［10］郑君里，杨为理，应启珩. 信号与系统（上册）. 北京：高等教育出版社，1981

［11］田坦，刘国枝，孙大军. 声呐技术. 哈尔滨：哈尔滨工程大学出版社，2000

［12］A. D. Waite. 王德石，等译. 实用声呐工程. 北京：电子工业出版社，2004

［13］王太隆. 先进制造技术. 北京：机械工业出版社，2005

［14］韩建友，邱丽芳. 机械原理. 北京：机械工业出版社，2017

［15］张燕. 机械优化设计方法及应用. 北京：化学工业出版社，2015

［16］李杞仪，赵韩. 机械原理. 武汉：武汉理工大学出版社，2001

［17］赵志刚，刘潇潇. 机械精度设计. 北京：中国铁道出版社，2014

［18］谢里阳，王正，等. 机械可靠性基本理论与方法. 北京：科学出版社，2012

［19］朱龙根. 机械设计. 北京：机械工业出版社，2006

［20］孙志毅，李虹，陈志梅，赵志诚. 控制工程基础. 北京：机械工业出版社，2004

［21］付开隆. 工程测量. 北京：科学出版社，2013

［22］孙训方．材料力学（I）（第五版）．北京：高等教育出版社，2009

［23］王永岩．理论力学．北京：科学出版社，2007

［24］高潮，张系斌．工程力学．北京：科学出版社，2011

［25］梁圣复，建筑力学．北京：机械工业出版社，2007

［26］季顺迎，郑芳怀．材料力学．北京：科学出版社，2013

［27］钱双彬，方秀珍，刘玉丽．工程力学．北京：机械工业出版社，2014

［28］张廷芳，计算流体力学．大连：大连理工大学出版社，1990

［29］白扩社，吴耀伟．流体力学·泵与风机．北京：机械工业出版社，2005

［30］孙桂瑛．电路理论基础．哈尔滨：哈尔滨工业大学出版社，1999

［31］李瀚荪．电路分析基础（上、中、下）．北京：高等教育出版社，1993

［32］唐介．电工学．北京：高等教育出版社，2009

［33］秦曾煌．电工技术（第五版）．北京：高等教育出版社，1999

［34］姚仲鹏，王瑞君．传热学．北京：北京理工大学出版社，2007

［35］徐生荣．工程热力学．南京：东南大学出版社，2004

［36］邢闽芳，房强汉，兰利洁．互换性与技术测量．北京：清华大学出版社，2007

［37］范金城，梅长林．数据分析．北京：科学出版社，2010

［38］田鲁怀．数据结构．北京：电子工业出版社，2006

图书在版编目（CIP）数据

大学数学应用案例及分析/张丽梅主编. —北京：中国人民大学出版社，2019.3
"十三五"普通高等教育应用型规划教材
ISBN 978-7-300-26705-0

Ⅰ.①大… Ⅱ.①张… Ⅲ.①高等数学-高等学校-教材 Ⅳ.①O13

中国版本图书馆 CIP 数据核字（2019）第 028555 号

"十三五"普通高等教育应用型规划教材
大学数学应用案例及分析
主　编　张丽梅
副主编　高胜哲　张立石　赵学达　张立峰　屈磊磊　顾剑
Daxue Shuxue Yingyong Anli ji Fenxi

出版发行	中国人民大学出版社		
社　　址	北京中关村大街 31 号	**邮政编码**	100080
电　　话	010 - 62511242（总编室）		010 - 62511770（质管部）
	010 - 82501766（邮购部）		010 - 62514148（门市部）
	010 - 62515195（发行公司）		010 - 62515275（盗版举报）
网　　址	http://www.crup.com.cn		
	http://www.ttrnet.com（人大教研网）		
经　　销	新华书店		
印　　刷	北京鑫丰华彩印有限公司		
规　　格	185 mm×260 mm　16 开本	**版　　次**	2019 年 3 月第 1 版
印　　张	10.25	**印　　次**	2019 年 3 月第 1 次印刷
字　　数	235 000	**定　　价**	25.00 元